THE OFF SWITCH
如何才能没压力

[英]马克·克洛普利（Mark Cropley）◎著

牟微微◎译

中国友谊出版公司

图书在版编目（C I P）数据

如何才能没压力 /（英）马克·克洛普利著；牟微
微译. -- 北京：中国友谊出版公司，2017.10
书名原文: THE OFF SWITCH
ISBN 978-7-5057-4091-4

Ⅰ. ①如… Ⅱ. ①马…②牟… Ⅲ. ①工作负荷 (心理学) –心理调节–通俗读物 Ⅳ. ①B849-49

中国版本图书馆 CIP 数据核字(2017)第 153093 号

Copyright ⓒMark Cropley 2015
First published by Virgin Books, an imprint of Ebury Publishing, a part of the Penguin Random House Group of companies.
Through BIG APPLE AGENCY, INC., LABUAN MALAYSIA.

书名	如何才能没压力
作者	（英）马克·克洛普利
译者	牟微微
出版	中国友谊出版公司
发行	中国友谊出版公司
经销	新华书店
印刷	北京鹏润伟业印刷有限公司
规格	880×1230 毫米　32 开
	9 印张　177 千字
版次	2017 年 10 月第 1 版
印次	2017 年 10 月第 1 次印刷
书号	ISBN 978-7-5057-4091-4
定价	42.00 元
地址	北京市朝阳区西坝河南里 17 号楼
邮编	100028
电话	(010)64668676

前　言

　　几年前的一个夜晚，我在酒吧等朋友的时候无意中听到了邻桌两位女性的谈话，我现在已经记不清她们的长相和具体的谈话内容了，只记得两人都是四十五六岁的年龄，但我还是能够回忆起她们谈话的主要内容和她们当时使用的一些词汇。她们谈论的是人们社交中千篇一律的话题——与工作相关。其中一位女性抱怨她无法抛下工作，只要自己醒着，满脑子想的就都是工作，永远无法从中"解脱"出来。虽然我很好奇，但我没能从她们的谈话中听出她的职业，我猜她可能是位会计师或办公室经理。

　　在谈话的过程中这位女士说，到了晚上情况变得更加严重，夜晚，她躺在床上，心里"翻江倒海"，根本无法入睡。我当时认为用这种方式描述她的思想活动非常生动恰当。我遇见过很多被相同问题困扰的人，他们在忙碌了一天后仍然无法放下工作，无论是在回家的路上，还是在闲暇时间，心里都在惦记着工作。人们采取的应对措施之一便是到家后继续工作。在电子设备如此发达的今天，人们能够轻而易举地在家里利用互联网即时通信手段继续工作。我们现在知道，如果不及时加以制止，这种方式会对我们的健康、幸福和心智产生极大的伤害。

我们的人生还可以有另一种选择。本书的写作目的就是帮助那位酒吧里的女士和其他视工作为一切的人在下班后能够摆脱工作的束缚，放开手脚，享受人生，并仍能在他们的职业生涯中保证效率，收获成功。在一天的工作结束时，能够"关掉"自己的工作"开关"，去尽情放松的人会更快乐、更健康，他们的工作效率往往也更高。

在当前的经济环境下，为了帮助我们的公司不断获得成功，我们在工作中面临着一些额外的要求。你可能会认为写一本关于放下工作、不思考工作的书有点离谱，但是，我可以向你保证，我的这种观点并不疯狂。放下工作、不思考工作，并不等同于不会成功。事实上，适当休息、娱乐，以及开展休闲活动，和工作本身一样重要，而且那些只在上班时间工作的人往往比那些加班工作的人效率更高，更有创造性。

市面上有数不清的自助类书籍，其中有许多提出了切实可行的建议帮助我们应对职场压力。读者对这一类型书籍的需求是显而易见的，然而，在过去的几年中，人们明显地感觉到导致健康不佳的原因并不一定是工作中的压力，而同远离工作压力后如何迅速地调整、恢复身心健康有关。因此，工作后无法有效地放松自己是一个关乎健康的重要问题。现在有人认为，在疾病发生发展的过程中，恢复的速度比在经受压力期间做出的应急反应更为重要。大量证据表明,过度工作而不适度放松自己将会导致生产力降低、决策失误、创造力差,并增加在工作场所出现异常行为的风险。因此,我们比以往任何时候都需要在工作后抽出时间去放松身心。

不同的人在闲暇的时候放松自己、停止工作所需的时间不同,并且大多数的员工很难从加班的影响中恢复过来。本书向读者介绍了大量技巧和演练模式,有助于人们摆脱同工作有关的各种想法,清静自己的内心。这是一本面向普通读者的书,并非想打造成为有关压力或摆脱工作、放松身心的权威读本。遗憾的是,没有任何一个模式能够适合所有的补救措施;我所介绍的技巧和形式也不可能解决每一位读者的实际问题。每个人似乎都有自己独特的方式去放松身心,但本书各章节为读者提供的我和其他人一起研究出来的放松指南也会对大家有所裨益。

生活方式在大多数疾病中举足轻重,是人们成功解除工作影响且从中有效恢复的主要因素。每当忙得不可开交的时候,我们就像寓言故事中惊慌失措的兔子一样,不知该何去何从,不明白如何改变现状。我们需要了解情况,然后采取补救行动。从理论上讲,所有补救过程中的第一原则都是找出问题的根源;二是去除病因;三是减轻症状;四是获得力量快速恢复,以防止问题再次发生。考虑到这个原则,我把本书分成四个部分。第一部分讲的是放松身心和摆脱工作的重要性,养精蓄锐后工作效率会大幅提升。第二部分讲的是在下班后如何处理与工作有关的各种想法，如何掌控你的生活。这部分内容主要解决你在空闲时间为何不能放松的问题。第三部分探讨在工作日无法放松身心的解决办法，即在工作日你可以做些什么来提高晚间的身心放松能力。通过遵循第二部分和第三部分的建议和练习，你将形成一套专属自己的放松技巧，提高你放松身心的能力。第四部分提供一些方法帮助你培养心理韧性，教会你在困难来临时如何采取应对措施。

  本书中的许多章节都包括对现实生活中案例的研究。有关人士都是我的同事和我采访过的人，他们都认为我们报道的方法实施起来很有效。为了不透露他们的姓名，案例中所有当事人姓名均已更改。我们需要积极思考如何摆脱工作去享受我们的自由时间，保护我们的健康，提高睡眠质量，保持精力充沛，为在第二天可以完成更多的工作积蓄力量。世界上没有能够快速修复的简单方法，尽管这些方法需要实践和练习，却都不难完成。有一点我可以保证：如果你遵循我在本书中提出的各种建议，你不仅会感到更好地掌控了自己的生活，也会变得更健康，比以往任何时候效率更高。

  希望大家身心愉悦。

目录 CONTENTS

第 1 部分
工作与休闲
站在天平的两端

第 1 章　工作与休闲一定是对立面么？/ 5

第 2 章　忘不掉工作，只能烦恼到天明 / 15

第 3 章　超负荷工作的可怕影响 / 22

第 4 章　老板喜欢精力充沛的你 / 33

第 5 章　测试一下你保持天平的能力 / 42

第 2 部分
培养消除压力的技巧

第 6 章　你的工作哲学是什么 / 56

第 7 章　是时候修正你的工作信念了 / 66

第 8 章　不要让你的压力失控 / 81

第 9 章　试试用笔头发泄压力 / 93

第 10 章　分散注意力，填补生活空白 / 99

第 11 章　培养减压的爱好 / 111

第 12 章　把工作留在办公室里 / 120

第 13 章　制定休闲计划 / 128

第 14 章　正念冥想减压法 / 136

第 15 章　去让你静下来的地方 / 144

第 16 章　和问题约个时间吧 / 149

第 17 章　这些减压方法就别用了 / 155

第 18 章　别做手机的奴隶 / 162

第 19 章　为你的假期做好规划 / 175

第 3 部分
工作时的减压大法

第 20 章　休息的重要性不言而喻 / 185

第 21 章　养成随时放松的习惯 / 195

第 22 章　拒绝外界干扰 / 208

第 23 章　工作上的时间管理 / 213

第 24 章　划定社交界限 / 220

第 25 章　自由职业者如何减压 / 227

第 4 部分
提高身体素质，
增强抗压能力

第 26 章　保持身体的健康 / 235

第 27 章　保证睡眠的质量 / 244

第 28 章　审视自己的工作与生活 / 262

第 1 部分
工作与休闲站在天平的两端

概　述

　　事业成功没有捷径可走，大多数在事业上取得成功的人工作都极为努力。然而，不幸的是，努力工作与长时间的投入并不总等同于工作效率高。努力工作并不一定就能获得成功。我们需要专注于工作，以取得成果和成功，但我们也需要时间来放松和反思，这样我们就不会感到厌倦和腻烦。成功的人努力工作，享受工作，但他们也知道何时以及如何放松自己，懂得如何享受美好的生活。与生活的大多数方面一样，这是一个平衡的问题，太多的工作对我们不好，过多的休息同样对我们不利。

　　作为聪明的人类群体，我们或许会认为，我们可以很容易地发现何时给自己施加了过多的压力。然而，由于某种特殊的原因，我们的身心能够以一种奇怪的方式适应我们对它们所提出的苛刻要求。在很多情况下，我们都没能意识到我们在办公室工作的时间已经延长了一些，意识不到我们已经把一些额外工作带回家里等吃完晚饭后再完成。因为我们已经在不知不觉间被工作套住了。我们可以轻易地适应生活方式，给自己施加更多的压力，甚至可能意识不到自己是多么地疲惫不堪，筋疲力尽。拼命工作或不断地思考工作有可能使我们身心疲惫，结果即使已经出现筋疲力尽的早期迹象我们也浑然不知，直到发现为时已晚。就好像我们没有注意到任何显示出我们有麻烦的迹象一样，在其负面影响危害到我们之前，我们甚至没能意识到一直以来我们对自己施加了过多的压力。

为了不让你陷入这种境地，本书的第一部分将鼓励你认清自己的处境，认真评价和思考在自己工作生涯中的所作所为。不仅要开始思考自己在工作上投入了多少时间，还要计算你在不工作的时候投入了多少精力。在我看来，如果你在闲暇时间仍在考虑工作，你就仍在工作。因此，你需要抽出时间，以恰当的方式去放松精神。本书的第一部分以此为宗旨为整本书的内容奠定了基础，探讨了工作的乐趣，同时也着重指出过度工作对身体的危害，强调抽出时间摆脱工作，使自己放松的重要性。正如本书第一部分的第1章至第4章中提到的那样，兼顾工作和休息对员工和雇主都有明显的益处。

为了我们能够卓有成效地实现目标，我们需要在工作中保持神清气爽，精力充沛。但是如果我们没有时间放松自己，在空闲时间不去放松身心，要想达到这种良好状态是不太可能的。在第一部分的第5章中，我提出了一个具体方法以评估自己在业余时间看待工作的态度，此外，这一部分还包括"处理好工作与生活关系"的评估措施。

第1章　工作与休闲一定是对立面么？

> 诅咒这种了无生趣的生活，我要工作！
>
> ——威廉·莎士比亚，《亨利四世》第一部分

杰西卡

杰西卡女士今年52岁，有两个已成年的女儿，是一位个体会计。她来向我求助，并表示她永远不能逃避工作。杰西卡一直是个很勤奋的人，从小就养成了很强的职业操守，也许正因为如此，她18岁就开始工作，而不是上大学。她起初是一名普通的管理人员，后来公司又让她帮助管理公司账目，于是她开始记账。这是她喜欢做的事情，但她从来没有花费时间去参加必要的考试，她认为自己有太多的工作要做。她觉得如果大多数晚上没有加班到很晚的话，老板就会对她失望，为了赶在最后期限前完成重要工作任务，她甚至熬过几个通宵。她认为自己的敬业精神会得到高层管理人员的高度认可，但是当公司

"被迫"重组时，领导对她的评价却是她不具备带领公司向前发展的相应资质。

被公司辞退对于杰西卡来说是个很大的打击，一段时间后她才重新振作起来。尽管她明显具备相应的工作知识和技能，但由于她缺乏正规的会计资格证明，许多工作机会都与她失之交臂。后来她偶然遇到了一位正在办理纳税申报事宜的朋友，她主动帮助这位朋友解决了问题，从此她的名声逐渐传开来，越来越多的人开始找她帮忙管理账目。没过几个月，她的会计工作便如火如荼地开展了起来。她的客户主要是自由职业者，大多数从事建筑业，如砖瓦工、水管工、粉刷工等等。

杰西卡的问题之一，可以说是她的主要问题，是她不知道自己的工作什么时候可以完成，并且她会因自己没有做得更多而烦恼。由于个体经营缺乏保障，杰西卡很难离开自己的工作，正如她自己所说的那样，因为"你不知道什么时候会出现什么状况"。正因她极少离开工作，因此为了完成任务，她不得不工作很长时间。

杰西卡找我求助时，已经表现出明显的慢性疲劳的迹象。她说她经常感到疲倦，身体不适，体重也已经超标，不知该怎么办。她知道在自己的生活变得完全失控之前，她需要做出反应，她也知道自己面临着产生严重健康问题的危险。

凯蒂

凯蒂是一位新任教师，在学期内的大部分时间，她每周工作50多个小时。她说她一直想成为一名老师，很喜欢实际教学工作，她在不上班的时候也总是在思考工作上的事情。起初，她会对某些学生的行为感到沮丧，但最近她则开始关注如何整理好日常文件报表，或是担心自己是否在上课时讲错了什么。我经常听一些老师说他们烦恼的问题并不是日常教学任务，而是，用凯蒂的话说，同教学任务有关的无休止的官僚主义作风和问责制度。不过凯蒂发现一些孩子的行为确实让人很伤脑筋，她总是担心自己或许已经让某个孩子感到不安，或许对某位家长说错了什么。而她的上司不为教师撑腰，却常常站在学生家长一边。

凯蒂对每天上午的教师员工会议很是恐惧，因为她的上司总是习惯在会上找一两个老师的麻烦。她的上司找茬功夫一流，很有眼力，但却未能对表现优秀的教师员工进行表彰称赞。凯蒂觉得晚上难以放松，也无法去做任何有意义的事情。即使想通过看电视或杂志来放松自己，她的头脑里还是会在不经意间思考起学校的事情。她说自己总是不知不觉地考虑学校里的事情。"我为明天的教学任务做好准备了吗？""上周我是不是说错了什么？"甚至在生病的时候，凯蒂宁愿逼迫自己去上班，也不愿意看到她的上司因她竟敢生病而满脸怒气的样子。

凯蒂曾经是个睡眠质量很好的人，但是自从她开始在新学校工作后，她的睡眠情况发生了极大变化。她对我说她难以入睡，因为每天晚上她的大脑都会高速旋转去思考第二天上午的会议；她还发现只要自己在夜间醒来便无法再次入睡。她对工作的担忧，使得她在业余时间难以放松身心去做任何与工作无关的有意义的事情，她总是疲惫不堪。

凯蒂总是期盼周末的到来，尤其期待周五晚上和周六早上能睡个懒觉。然而，她的周末生活并不丰富多彩。大多数周六她都是躺卧在沙发上休息，周日做家务，忙着家庭琐事。周日的晚上，用她自己的话来说，简直就是梦魇，因为她又要开始忙着思考第二天的工作了。

尽管杰西卡和凯蒂的工作岗位全然不同，她们的生活境况却有很多相同之处。两人总是疲惫不堪，没有时间去追求工作以外的任何乐趣。有趣的是，同和我交谈过的很多人一样，她们也很热爱自己的工作。此外，这两位女士的生活天地完全被她们的工作挤占了：杰西卡因工作量大而生活得疲惫不堪；凯蒂则因为不断地思考工作而无法在下班后放松身心。杰西卡的案例足以证明，我们很容易被工作搞得焦头烂额而无法看到一个明确的出路。她的主要问题是把工作当作生活的核心，并对自己提出不切实际的要求。她只是简单地将自己投身于工作中，却不给自己足够的时间去放松身心。凯蒂的问题则有些复杂，因为她的压力除了来源于自己以外，还来自她的上司。她的主要问题是不能处理好工作与生活的关系，下班后心里仍然不能放下工作，也无法放松自己。遗憾的是，杰西卡和凯蒂的情况绝非个例。很多人都跟我讲述过类似的经历。而幸运的是，在接下来的章节中，我们将会看到这两种情况相对来说还是比较容易处理解决的。

工作的乐趣

花些时间思考一下自己为什么工作。如果你问别人他们为什么工作，大多数人的答案都会是为了赚钱，我们确实要支付各类账单。除了明显的赚钱需要外，还要考虑工作的其他原因。或者我们可以换个角度思考这个问题，重点想一想如果你不工作将会失去什么。

心理学家发现，人们工作的原因不仅仅是为了谋生，养活自己，支付抵押贷款或者度假等，也为了工作带来的其他益处。例如，工作激励了人们的奋斗欲望，使我们生活稳定，为与他人的社交提供了机会，并给予了我们一个早上起床的理由。

许多上班族梦想发财，把中彩票作为致富的捷径。采访过彩票中奖者的研究者们得出的结论是：中奖并不能使他们快乐。这到底是为什么呢？大多数中彩票后停止工作的人都说他们怀念上班时的日子：忘不了为了工作每天早起的情景，怀念在工作中取得的成就感，想念曾与自己并肩作战的同事们。虽然看上去并不总是这样，但工作对我们确实有益。

在数百项研究中，工作对健康和幸福的影响已得到证实。仍在工作的人们称他们过得更幸福、更充实，例如他们比那些失业的人更健康，享有更活跃的社会生活。你是否想过，为什么那些拥有数百万银行存款的公司老板和职业运动员仍在继续工作？当然不是为了经济收益。就在此时此刻，福布斯报道的"世界亿万富翁"年度排名中共有 1645 位亿万富翁，我敢拿我的房子打赌，这些亿万富翁中的绝大多数人仍然在工作，或在做某种形式的工作。大多数人天生就有学习和发展新技能的动力。调查表明，即使我们经济上有保障，我们中的大多数人仍会继续工作。美国的一项研究显示，84% 的男性和 77% 的女性表示即使他们继承了大笔财产而无需工作谋生，他们仍然会继续工作。由此可见，工作的动机不仅仅是为了经济收益。

找到恰当的平衡点

因此，我们从工作中收获的远不止是薪水。工作增强了我们的自尊心，成了我们身份的部分象征，并让我们有了生活目标，很多友谊和爱情都源于工作。在工作中积极的社会交往甚至能够改善心血管状况，提高免疫功能。然而像生活中的大多数事情一样，物极必反，即使是好东西，过多也会产生适得其反的效果。从长远来看，工作太长时间对我们的健康和幸福不利。我们需要合理安排自己的生活。正如一句大家耳熟能详的谚语所说的那样，"只工作不玩耍，聪明的孩子也变傻。"据记载，这句谚语可追溯到公元前 2400 年左右，源于埃及圣人普塔霍特普；他在我心目中是一位非常富有智慧、思想超前的人。1825 年，爱尔兰小说家玛利亚·埃奇沃思在她的小说《哈利和露西的结论》中为这句谚语进行了补充，"只玩耍不工作，孩子只能成废物。"这句话和 2000 年前一样重要：在工作和娱乐之间取得健康的平衡状态非常重要。

目前我们处在一个我们的祖先做梦都无法想象的时期，洗衣机、吸尘器、微波炉之类的东西让我们摆脱了生活的束缚，我们甚至不必起床去打电话，也不必起身离开沙发去更换电视频道。很幸运，我们拥有这些省时省力的设备。此外，工作时间也发生了变化，比我们的先辈们少了很多。理论上，我们可随意安排的时间大幅增加了。那么我们怎么处理这些额外的"自由"时间呢？虽然我们中的许多人都幸运地有一份工作，可我担心大家都在闲暇时间里无偿地做着工作，或在做与工作相关的事情。其中一个明显的原因是，大家在经济环境不稳定的情况下对自己的工作缺乏安全感。此外，工作之间的相互依赖性也增加了，我们需要其他人向我们提供所需要的相关信息。有时，这意味着在正常工作日以外还需要与他人谈论工作的事情。

另一个原因便是技术。在过去的二十年中，移动通信量增加了 10 倍。仅在西欧就有超过 1.3 亿个有源 SIM 卡，而且这个数字还在逐年增加。移动通信有无数益处，在任何时间、任何地点，我们都可以打电话给朋友、家人和同事，这种感觉真是太棒了。然而，移动通信技术也是一把双刃剑。它的不利之处是，我们每天 24 小时都能被联系到，除非手机关机；然而大多数人不会这样做。因此，我们很有可能不断被别人打扰，或者受到大量电子信息的骚扰，其中很多信息对我们来说没有任何用处。很多人都与办公室时刻保持着联系，我们可以全天候地接收信息。然而过后我们会思考，为什么我们就不能关闭移动通信设备，从工作中摆脱出来呢？仿佛我们真的被移动通信设备绑架了一样。从工作中摆脱出来的一个关键原则就是要取得控制权，你应该觉得你有权在下班后关闭你的移动设备而不感到内疚。稍后我们会在有关使用技术的章节中详细谈论这一点。

长时间工作会增加患心脏病的风险

有工作的人比以往任何时候工作时间更长，工作更努力，难道这不具有讽刺意味吗？即使在我们没有从事真正岗位作业的时候，比如生产商品或是承担任何重要的任务，我们都可能在思考着工作：我们需要做什么，忘记了做什么，或者我们是否做错了什么。社会越来越倾向于技术教育，但我们似乎已经迷失了方向。一个负责任的社会不应该要求人们拼命地去工作，我们的身心在任何一天里能够承受的工作量都是有限的。大量研究表明，长时间的工作与健康状况欠佳有关。例如，日本的一项研究调查了因急性心肌梗死（心脏病发作）入院治疗的 30~69 岁男性的工作时间。同这些男性进行对比的另一组男性在年龄和职业方面与他们相当，而且经体检确认未患心脏病。研究结果显示，在过去的一个月每天工作超过 11 个小时的男性患心脏病入院的可能性是以前的 2.5 倍。研究人员将上个月增加的工作时间同正常工作时间进行比较后得出了相同的结果；同样，那些增加工作时间 3 小时以上的人患急性心肌梗死的可能性增加了 2.5 倍。调整已知的危险因素（吸烟、久坐的生活方式等），对这些数据进行重新分析后，总体上结果没有改变。可见，较长的工作时间与心脏病发作的风险大幅度增加密切相关。

日本人的职业道德

日本人有长时间工作的传统，因工作致死的事例屡见不鲜。有趣的是，日本有一个特定的词：karōshi，可以翻译为"过劳死"。许多日本公司现在已经认识到工作过多对健康造成的危害。日本的一些组织现在限制了他们的员工在一年中可以加班的小时数；许多组织已开始敦促员工离开办公室，准时回家；有些公司甚至利用公共广播系统在晚上的某个时间向员工宣讲休息的重要性。我们很高兴看到公司在这方面开始变得积极主动。遗憾的是，由于许多人忙于工作任务，并不是所有人都可以利用这种现代化的工作方式，而这种新的工作与生活平衡方法也刺激或激发了一种新的行为。但很多日本人非但没有回家与家人一起放松，或在休闲活动、业余爱好上花费时间，而是把工作带回家，继续做。因此，许多工作者不能或不去贯彻平衡工作与生活的新精神。日本甚至有一个词来形容这种行为：furoshiki，即"隐形加班"。天赋异禀的伊桑巴德·金德姆·布鲁内尔，或许是英国有史以来最伟大的工程师，去世时年仅53岁。有人说他的确是因为工作把自己累死的。然而，他也的确每天抽40支雪茄，每晚只睡4个小时！关键是人们过着忙碌的生活，我们每个人都面临着压力，必须做得更多更好，以求得到更大的回报。遗憾的是，我们有可能陷在这种不良的循环过程中，几乎没有时间去进行反思和深思。有时，我们只有经历一次足以改变生活的重大事件，比如健康出了问题，心脏病发作，或者因离婚遭受了损失，才会被迫采取行动，重新思考评估人生中应该优先考虑的重要事情。在下一章中，我将讨论为什么及时放下工作对我们的健康和福祉十分重要。

第2章 忘不掉工作，只能烦恼到天明

沉思中需要平静的心灵。

——约翰·盖伊

随着我们从制造业经济向知识经济和服务型经济转变，当今工作人员面临的最大挑战之一就是如何消除压力，在下班后放松身心。当我刚开始研究工作的压力对人的影响时，大部分的研究都集中在工作对身体健康的直接影响上。例如，我们会测量员工在工作时的心率或血压。不出所料，在要求高、压力大的岗位上工作的人的心率和血压明显高于那些工作岗位要求较低的人。然而，随着研究的深入，我们愈发明显地发现影响员工身体健康的因素并非只有工作压力；人们能否在下班后放松身心同样影响着他们的健康和幸福。工作时血压升高并不可怕，因为只要人们能够在闲暇时间彻底放松身心便可降低血压。虽然我只以血压为例，事实上这个论断同样适用于其他生理指标，如皮质醇和肾上腺素。现在有越来越多的研究证据表明，同在经受压力期间采取的应对方式相比，人们在经历压力后"恢复"的速度对于预防疾病的发生具有更大影响。由此看来，如果我们不加以控制，紧张的工作环境对我们造成的影响就会"蔓延"到我们的闲暇时间里。很多在要求严苛、创新性强的岗位上工作的人，都感觉到在下班后的闲暇时间里难以真正地放松自己，他们的身心在闲暇时间里仍处在工作兴奋状态。伴随着环境的迅速变化，经济的不稳定和现代工作环境的复杂性增加，现在应该从全新角度对工作和休闲进行思考了。成功的人士已经意识到，他们必须学会放松，并为自己腾出时间去放松身心。他们明白，花在工作之外的时间对于提高生产力和创造力而言与在工作中投入的时间同样重要。

近1/4的人因不能在闲暇时忘却工作而烦恼

因为你正在读这本书，我想你已经认识到自己在心理上难以摆脱工作的束缚。如果是这样的话，你并不孤独。例如，在1992年进行的一次"英国就业调查"中采访了3000多名工人，结果表明，其中有70%的人发现下班后有时很难放松身心。这次调查还显示，有72%的人在下班后仍挂念他们的工作。研究表明，下班后难以放松身心的员工比例及下班后仍忧心工作的员工比例都在增加。我们的研究表明，大约20%的人经常在闲暇时间里考虑与工作有关的问题，10%的人说他们"经常或一直"考虑工作。此外，24%的人因为他们不能在闲暇时忘却工作而烦恼。英国大约有2900万在职员工，这相当于690万的人像你一样，很难在下班后放松身心。在美国，大约有 1.2 亿就业人口，在欧洲大约有 2.2 亿人，所以有数以百万计的人也和你一样。

人们在工作后放松身心的时间各不相同，有些人似乎一离开办公室就可以忘却、摆脱工作，而其他人则需要相当长的时间。然而，需要强调的是，只要你能把握好方法和尺度，在家思考工作也是可以的（第 5 章会详细论述这一点）。下班后思考工作也是正常的，我们都在某种程度上这样做过，但如果这样做已经开始影响到我们的健康和幸福的话，便成了一个真正需要解决的问题。

我们所说的"恢复"是什么意思？

我们需要让我们的大脑有时间休息并从工作的需求中"恢复"过来。当心理学家谈论工作环境中的恢复时，他们通常指的是在失去一定身心精力后重回正常状态的过程。工作通常是苛刻的。为了有效地工作，我们必须在白天耗费精力。我们可能耗费不同形式的精力：认知方面的（思考、规划集中等）；情绪方面的（当事情出错，或同事、客户惹恼我们的时候，尽量不发脾气）；身体方面的（做体力工作，或打字，或白天大部分时间在办公室里都坐在同一位置上）；生理方面的（吃喝的需求）。因此，工作需要付出努力，需要利用我们的身体、认知和情感等方面的资源。当这些资源因工作的严苛和压力被耗尽的时候，我们开始感到紧张，需要休息。如果我们没有足够的时间休息恢复，则会感到疲劳，并在长期内可能导致很多健康问题。

以错误的方式思考工作会使你生病

如第 1 章所述，人们普遍认为工作的时间太长对身体有害。然而，我们现在知道，心理恢复不足，或脱离工作不够，都会引发心血管疾病、疲劳、消极情绪、睡眠障碍等一系列的健康问题。例如，一项前瞻性研究在进行了为期3～4年的跟踪调查之后发现，在下班后无法放松精神的人患心脏病的风险大约会增加三成。另一项研究表明，在周末不能有效恢复身心是导致员工心血管疾病死亡率较高的主要原因。

我们每个人都有不同的方法去处理生活压力，这些压力包括与工作相关的各种要求。有些人认为这种能力是我们基因构成的一部分，而另一些人则声称这种能力是我们通过经验习得的。我相信这两者都起了些许作用。然而，有一点是清楚的，那就是我们每个人所能应对的压力（或者说要求）的量是有差异的。我们都需要了解自身所能忍受的压力临界值，并应清楚地知道何时应该停下来休息。

主动从工作中恢复身心

为了降低出现疲劳症状的风险并长期保持健康，重要的是应使员工们从各种工作任务中恢复过来。如前所述，工作环境中的"恢复"一般指的是在失去一定身心精力之后重回正常状态的过程，为面对新的工作任务做好准备。为了恢复，我们不仅需要与我们的工作地点保持距离，还需要在精神上远离工作，在不工作的时候忘却工作。我使用词语"恢复"来描述从工作任务中恢复过来的一般过程，而事实上，"休息""放松""疗养""消遣""复原""缓解""还原""松弛"等词语与"恢复"一样，都可用来描述脱离工作、自我放松的过程，但本书多半会选择"恢复"来表达这一含义。

当我们想到"放松"这个词的时候，其意思主要是指经过一段时间的体力消耗之后放松我们的肌肉；可是我们的大脑也需要放松。我们认为"恢复"是一个积极主动的过程，并不是指为了不考虑工作而什么都不做。如果你因努力工作而感到身体劳累，只要什么都不做就可以放松得很好。然而，当你精神疲倦时，坐下来放松，例如看看电视，可能是最没有效果的放松方法。这时，让身体活动起来，比如散步、园艺、游泳或做家务，是最好的选择。有趣的是，"消遣"（recreation）这个英文单词的字面意思是"重新创造"（recreat），因此为了让自己能够有精力重新创造，你首先需要腾出时间去消遣放松。

掌控自我，提高效率

如果你有意掌控你的生活，去体验一种更平衡的工作方式，你就不得不去努力了（这么说没有任何讽刺的目的）。尽管你会发现这本书里的一些练习可以帮助你立即从工作上转移注意力，但你不能期望收到立竿见影的效果，你必须改变生活方式。想要恰到好处地运用本书中提出的实践方案，需要怀着一种开放、探究的精神去对待每一个练习，体验每一章的内容，演练每一个环节。我强调"演练"是因为你需要实践演练每一个练习。通过学会放下工作，放松身心，你会发现你可以更好地掌控自己的生活；你也会发现你变得更加精力充沛，很少有倦怠感，比以前更加快乐、健康；你还会发现你喜欢一些练习方式，或者发现一些练习方式更加有效，这是意料之中的。我也有自己最喜欢的放松方式，并且屡试不爽。然而，你也会意识到这些方式都各有各的局限性和适用性，并没有放之四海而皆准的万全之策。当然，你可以随意修改这些练习方式使之适应你的需求，但务必遵循最初提出的基本原则——修改后的练习方式必须行之有效。

我们每个人不仅需要在身体上远离工作，也需要在精神上摆脱工作。为了能够掌控自己，重新恢复活力，我们都需要时间去放松精神，抛下一切与工作相关的念头。由于工作和家庭之间的界限模糊，我们需要改变我们对闲暇时间的思考方式。将工作视为我们日常活动的一部分，将我们的非工作时间视为被动休闲，这样做已经不再可行，甚至不现实了。我们需要开始积极思考如何摆脱工作，以享受我们的自由时间，保护我们的健康，使我们精力更加充沛，睡眠质量更好。这样你会发现，第二天你的工作效率会更高，能完成更多的事情。接下来的章节将会在如何更好地掌控自己、恢复活力、放松自我、提高效率等方面为你提供帮助。

我曾在一系列专题研讨会及研究论文中提出、发表过有关压力和工作后如何减压的研究材料，本书就是在运用这些材料的基础上写成的。多年来，我发现有些练习方式更有效一点，因此，本书只收录了那些行之有效的练习方式。本书在练习方式的安排和整理方面没有遵循任何特定的顺序，因此，你可能发现某些练习方式更为有效，或者更青睐于某种练习方式。

第 3 章　超负荷工作的可怕影响

> 若精神混乱、身体紊乱,健康便没有保障。
>
> ——西塞罗

请看下面的表格,表格中列举了很多消极的健康症状,请逐条阅读,并在经历过的症状旁画勾。不要过于考虑自己的反应,应仔细阅读、勾选,务必如实作答。

你是否遇到过以下问题:注意力难以集中、疲劳、易怒、烦躁不安、睡眠不好?如果遇到过,这并不奇怪,因为所有这些症状都与未能充分摆脱工作、放松身心密切相关。大约每过10年,英国国家统计局就会代表卫生部、苏格兰执行委员会和威尔士国民议会在英国进行一项调查,对包括成人心理健康在内的多个项目进行评估。这项调查覆盖面很广,涉及健康、幸福、工作、压力和大量的人口、社会因素等方面内容。2010年,英国政府公布了2007年的调查数据。这项调查询问了7461名居住在英国的成年人,其中约5000人表示接受调查时他们正在从事全职工作。

焦虑不安	☐
注意力差	☐
忧郁沮丧	☐
疲乏劳累	☐
烦躁易怒	☐
难以入睡	☐
睡不安稳	☐
过早醒来	☐
忧虑发愁	☐

除了上面提到的问题之外，研究人员还评估了人们在摆脱工作时遇到的困难，例如，"回到家里，我可以轻松地放松身心，忘掉工作""我的大脑难以摆脱工作，即使在上床睡觉的时候，我仍在考虑工作"。借助此次调查的数据，我和来自荷兰马斯特里赫特大学的弗雷德·泽尔斯特拉教授成功地分辨出具有明显特征的两组不同人群。其中一组人无法在精神上摆脱工作的困扰，我们称其为高反刍性沉思者；而另一组人则相对容易摆脱工作的困扰，能够在下班后解放身心，这组人我们称为低反刍性沉思者。"反刍"这一词语来自"反刍动物"，意指牛和其他一些反刍哺乳动物咀嚼食物的方式。因为它们吃草，而草不容易在它们的胃里分解，因此它们必须不断咀嚼。当我们在心理上进行"反刍"时，我们便会仔细考虑头脑中同样的思想或意象，不断沉思默想。例如，我们可能会反复思考进行一次发言、主持一场重要会议、一个重要的临近期限，或者考虑处理工作中的其他潜在压力，即使我们不去想它，这个想法

似乎总是萦绕在心头，挥之不去。当我们反刍沉思时，我们通常是为了理解或是找到一个问题的解决办法，或是阻止自己胡思乱想，或者，具有讽刺意味的是，试图阻止自己陷入沉思！你可能会问，反复思考工作与认真思考问题以便取得更佳效果之间有何区别？简要答案是：反复思考工作涉及情感思维，因为心里放不下工作的人会变得紧张烦躁，他们根本无法停止思考工作。第 5 章将会对此进行详细论述。

再回过来看一下前述调查情况。我们发现如果调整了年龄和性别数据，高反刍者感到"疲劳乏累"的概率是低反刍者的 4.3 倍，感到"烦躁易怒"的概率是 4.5 倍，"难以入睡"的概率为 3.5 倍。因此，同那些能够轻松摆脱工作、放松身心的人相比，在闲暇时间里仍无法停止思考工作的人具有更多的不良健康症状。他们表现出"注意力差"的概率是低反刍者的 6.5 倍，数据之高，令人惊讶。虽然不能最后得出结论，认定无法放松身心、无法停止思考工作是人们出现以上症状的主要原因，但是有关证据却很有说服力。

牛并非是唯一的反刍动物

反刍行为普遍存在。反刍性沉思通常是受目标驱动的，我们在进行反刍性沉思时，要么是为了找到问题的解决办法，要么是试图领悟紧张环境意味着什么，我们的目标是不再感受到压力。

为了做到这一点，我们自然会试图找出产生压力的起因。反刍性沉思也常常受情感驱动。我们会思考：为什么那个人会对我说这些话？为什么我的搭档想要跟我绝交？在工作环境中，与老板在走廊相遇时，老板的漠视态度会让我们觉得自己是否做错了什么从而引起了老板的不满，"难道是老板对我的业务不满意？"这种想法让我们变得焦躁不安，烦恼难过，继而开始寻找原因。情感驱动型的反刍性沉思存在的问题往往没有正确的答案，或者不可能找到答案，因为根本就不存在任何需要解决的问题，所谓的问题只是我们凭空想象出来的而已。然而，当我们进行反刍性沉思时，通常会酝酿出许多解决方案，但很快就会对这些方案产生质疑，不予理睬。我们会发现没有任何解决措施是无懈可击的，因此我们陷入了反刍性沉思的漩涡中无法自拔。在以下各章中，我将更加详细地探讨反刍性沉思所起的作用。在下一章里，你可以对号入座，看一看自己属于哪种类型的反刍性沉思者。

我们现在已经知道，即使当我们在工作上的压力来源不复存在的时候，压力对我们身心造成的影响也可能是长期存在的。例如，与同事在工作中发生争吵的人可能在下班后的闲暇时间继续思考他和同事之间的冲突；做错事情的人可能会反复思考如不纠正失误可能导致的所有后果。在这种反刍性沉思的过程中，他们可能会继续体会到从一开始压力便给他们造成的那种生理上的刺激程度。

心里放不下工作并对工作中发生的争执进行反刍性沉思的人，在一周后想到了这件事仍会出现血压升高、心率加快的情况。这表明，人们对压力产生的反应可以持续很长一段时间，特别是那些惯于对压力的起因反复思考、无法释怀的人。持续处在压力刺激的情况下无法放松心情，会损伤人体的生理恢复系统。因此，在紧张工作一天后放松心情是非常必要的，这不仅可以有效防止身体受到进一步伤害，还可以帮助身体在夜间进行自我修复。

我曾经采访过一位老师，他对我说周五是他再不好过的日子。教学通常被视为一个充满压力的职业。这位老师表示，如果在周五发生了任何不愉快的事情（比如与某个孩子或家长之间产生问题），他会在整个周末反复思考这件事情，无法释怀，尽管他知道，在下个周一来临之前，他根本无力改变局面。

不断思考工作，不能充分放松身心，会削弱我们身体的自然抵抗力，长此以往会降低我们的免疫能力。免疫能力减弱的迹象之一就是我们抵御普通感冒和感染的能力下降。你或许已经发现那些在工作中有压力的人要么请了病假，要么得了感冒带病工作。我们在研究中还发现，那些反复思考工作的人，或者下班后很难放松精神的人，被普通感冒困扰的概率明显高于其他人，经常表现出感冒的症状，比如喉咙痛、咳嗽、打喷嚏、胃部不适等。

我们的研究表明，工作任务未必一定导致健康问题，但未能适当地从工作中放松身心却是导致健康问题的关键因素。因此，正确认识自己的放松恢复过程，学会在不工作时充分放松自己、彻底摆脱工作是非常重要的。

身体上的放松

下班后能否放松身心与健康之间的确切联系我们尚不清楚，目前学者们仍在热议中。然而，有充分的证据表明，其中涉及生理和行为两个方面。

我们的生物系统经历过数百万年的进化，能够非常有效地处理以各种威胁的形式表现出的压力。我们的身体尤其擅长应对突发的压力，我们天生就具备"或战或逃"的应急反应能力。沃尔特·坎农于1915年首次提出，"或战或逃"的应急反应基本上能够表明，当动物感知到潜在捕食者的威胁时，它们有两个选择：如果攻击者看起来比自己弱小，则选择"战"；反之，便拼命地"逃"！（实际上也有第三种选择：有些动物装死。）

虽然其中的机制尚不完全清楚，但目前学者认为自主神经系统的两个分支与从压力到疾病的变化进展过程有着密切的关系。这两个分支分别是交感神经系统和副交感神经系统。当身体处于威胁或压力下时，交感神经活动（或副交感神经退缩）通过激活生理反应来促使身体采取行动，如提高血压、心率，增加儿茶酚胺和皮质类固醇分泌。当身体没有感知到威胁或压力时，副交感神经系统抵消交感神经活动的作用，并恢复体内平衡。这两种机制在短期内起到保护机体的作用，但如果压力期被延长，则会产生破坏作用。

面对日常的许多威胁，无论逃跑还是公开一战（即使我们认为自己是对的，老板是一个彻头彻尾的混蛋）均非明智之举，否则我们最后的结果远不止是流鼻血那么简单。如同在自然界中一样，大多数机构中都存在等级体系，人们需要屈服于权威人士。即使当拥有相似职位或等级的人们在机构内部或不同机构之间争夺地位时，也存在着等级关系。他们在显摆自己的地位时都有一些细微的摆谱表现，比如对所说的内容没有兴趣，或者表现冷漠，没有反应。无视同事真的是一种威胁；更为严重的是，如果不加阻止，它将演变成某种形式的欺凌。在某种层面上，这可能是正常的，体现了适者生存的自然规律。然而，当攻击者具有深度的自卑感或嫉妒心理时，更有可能出现这种情况。每当有太多的工作要做，有工作尚未完成，工作中遇到问题，比如打算学习新的计算机系统，或者可能只是一个人在工作时，都会让人们感到有压力。此外，人们还会以某种奇怪的方式给自己施压，没能完成工作可能会威胁到你的自尊。而一些原本没必要不停工作的人会继续工作，不知道什么时候该停止。因此，我们需要学会用另一种方式来应对威胁。

当我们面临的威胁以紧张刺激的形式出现时，身体会释放一种叫作皮质醇的激素。许多人认为皮质醇是表明压力存在的重要生物标志物，这在一定程度上是正确的。然而，皮质醇分泌实际上是为了使身体做好行动前的准备。在某种程度上，释放更多的皮质醇表明一个人能够有效应对紧张性刺激或违规性刺激。当个体遇到压力时，下丘脑-垂体-肾上腺轴（HPA）做出反应，激活促肾上腺皮质激素释放因子（CRF）和下丘脑室旁核（PVN）中的促肾上腺皮质激素（ACTH）神经元，这会导致肾上腺皮质释放应激激素皮质醇。如果人们一直处于高压力环境下，可能导致免疫系统受到长期的抑制。

HPA轴做出的反应随着所感知到的压力原因而发生变化。例如，如果情况不可控或不可预测，被激活的程度就比较大。慢性皮质醇反应与一些负面健康指数相关，包括心血管疾病患病因素、认知功能、抑郁、感冒和感染。我们尚未准确地了解皮质醇发挥作用的原理及方式，但是我们知道它是一种非常重要的激素，在许多与健康有关的问题上起着重要的作用，对维系身体的正常功能至关重要。

皮质醇分泌日间表现稳定，在睡醒后的前30~45分钟内达到峰值，然后逐渐下降，在晚上10点左右达到最低值。皮质醇与褪黑激素，即与睡眠相关的激素，成反比关系。当皮质醇数值高，褪黑激素数值则低，同样地，当皮质醇数值低时，褪黑激素数值则高。醒来时皮质醇便开始急剧增加，称为皮质醇觉醒反应（CAR），具有明显的皮质醇分泌的日间表现特征，被认为是HPA轴完整性的一个标记或指标。

我们在一项研究中对108名教师进行了抽样研究（教学被认为是一种紧张的职业），要求他们在晚上10点向我们提供唾液样本，附加额外的四个时间段的唾液样本：醒来时、醒后15分钟、醒后30分钟和醒后45分钟。我们的基本目标一直是为每位老师提供有益的反馈意见，让他们学会如何降低压力，如何摆脱工作，放松自己。在给我们提供唾液样本之前，老师们还讲述了他们在睡前一个小时（晚上读书）对工作思考了多少，或者早上醒来后他们对工作思考了多少。然后我们对唾液样本进行研究，将这些教师分为高反刍性沉思者（那些经常难以摆脱工作，无法放松自己的老师）和低反刍性沉思者（相对来说可以较为轻松地摆脱工作、放松自己的老师）两类。研究发现，在晚上 10 点的时候高反刍性沉思者的皮质醇分泌水平明显高于低反刍性沉思者，并且发现皮质醇的分泌与夜间的休闲活动或工作模式无关。在对早上醒来的唾液样本进行研究时发现，高反刍性沉思者的皮质醇觉醒反应明显低于低反刍性沉思者。这明显与因思考工作而导致的睡眠障碍有关。由此可见，反复思考与工作相关的事情同皮质醇分泌之间有关联。

精神上的放松

下班后是否放松身心还通过行为方式对健康产生影响。久坐不动的生活方式、过量饮酒、吸烟、节食都是引起疾病的原因，都会对我们能否放松心情和保持健康造成影响。例如，如果吸烟或喝酒的人发现自己很难从工作中放松时，他们就会更大量地吸烟、饮酒，因为他们认为这有助于缓解紧张或焦虑等心理压力。饮酒过量，缺乏锻炼和吸烟都有害健康，缩短寿命。然而，好消息也是有的，也有一些行为有助于放松心情，延长寿命，提高健康和幸福指数。因此，工作者可以选择有益健康的行为进行放松,如社交、冥想、锻炼和运动。在随后的章节中我们将对此类行为方式做进一步探讨。

如第2章所述,有证据表明,工作后精神不放松会增加心血管疾病的患病风险。有必要重申一下,在第2章提到的前瞻性研究发现,下班后无法放松大脑的人患缺血性心脏病的风险增加了大约3倍,这种疾病的特征是心脏血液供应减少。冠状动脉向心肌供给血液,但冠状动脉中的阻塞阻碍了向心肌的血液供应。众所周知,动脉粥样硬化可增加缺血性心脏病的患病风险,是一种严重的疾病,发病时动脉被脂肪物质如胆固醇阻塞。如果人们摄入富含饱和脂肪的食物,就会增加动脉中的脂肪堆积,随着时间的推移,堆积的脂肪可能完全堵塞动脉,最终就像石灰沉积物堵塞水管一样。

为了调查下班后精神无法放松与患心脏病风险之间的可能关联机制,我们要求人们填写一份问卷,说明他们习惯地思考工作和摆脱工作放松精神的状况,并填写零食摄取记录。我们根据人们在下班后能否轻易忘掉工作、放松精神,将他们分为高反刍性沉思组和低反刍性沉思组,并将他们摄入的食物分为健康饮食(如水果、蔬菜)和不健康饮食(如饼干、炸薯片、巧克力、蛋糕)。当我们对那些以冷静、非情感的方式思考工作问题的人(我把他们称之为解决问题的思考者)进行分析时,我们发现高反刍性沉思组与低反刍性沉思组在零食消费的类型上是没有差别的。此外,我们还发现,两组受测人群在晚上进食的食品类型也没有区别。然而,调查显示,高情感反刍者(即那些因在下班后仍无法停止思考工作而变得紧张、懊恼和不安的人）比那些没有以这种情感方式思考工作的人吃了更多不健康的食品（蛋糕、薯片、巧克力和饼干）。这表明人们在使用食物来调节他们的情绪，换句话说，人们在利用食物来使自己感到更快乐。但遗憾的是，这样做会使他们的健康受到威胁，因为他们的饮食中包含太多的动植物脂肪。这项研究还有另一个有趣的发现：那些告诉我们能够在下班后轻易摆脱工作、放松精神的人，大多数时候都会亲自准备晚饭。看来，在准备晚饭的过程中，他们的注意力已经从工作上转移到做饭上。根据那些发现自己下班后很难忘掉工作的高反刍性沉思者的报告，与低反刍性沉思者相比，他们会更频繁地吃一些加工食品（需要花费很少精力，或根本不需要花费精力就能准备好的膳食），他们准备晚饭时只需将装着食品的硬纸盒放进烤箱或微波炉里，根本不需要太多的思考，因而不太可能把注意力从工作中转移出来。

  这些研究结果表明，人们无法从工作中解脱出来放松精神未必与他们所选择的不健康饮食有关。因为那些以非情感、冷静的方式思考工作的人所食用的非健康饮食的比例并不高于那些下班后不思考工作的人。关键因素似乎是人们下班后的思考类型，此外，这项研究还突出强调了以消极的情感方式考虑工作所造成的危害。

  很明显，无法从工作中解脱出来，并因思考工作而不断感受到压力的行为有损我们的身心健康。接下来我们将讨论因无法从工作中解脱而充分放松对你所在公司的健康发展造成的影响。

第 4 章　老板喜欢精力充沛的你

健康的劳动力就是高效的生产力。

——马克·克罗普利

长期以来,雇主对雇员有关心义务。雇主必须提供一个安全的工作环境和必要的设备来完成所需的任务。我认为,员工在工作日结束时不要太累的要求也是合理的,否则他们下班后将没有时间和精力参与社交、娱乐或教育活动。鉴于工作强度的增加和现代生活的日常经济需求,疲劳已成为人们生活中一种司空见惯的生活现象,被称为现代流行病。研究表明,欧洲11%~30%的工人受到因工作导致的疲劳的严重影响;美国14.3%男性和20.4%女性的疲劳程度异常高。

疲劳是现代流行病

疲劳一词在许多不同的领域被使用,目前还没有一个公认的符合标准的定义。然而,疲劳需要区别于困倦。困倦是入睡的趋势，疲劳是身体对缺乏睡眠或长期体力或脑力消耗的反应。静态活动或不睡觉时的休息可以减少疲劳，但却会加剧我们的主观困倦和睡眠倾向。例如，我们通常会在星期天感觉困倦懒散，昏昏欲睡。研究人员还试图区分急性疲劳和慢性疲劳，但很难确切知道急性疲劳何时会转变成慢性疲劳。然而，急性疲劳是短暂的，我们通常都会在工作结束时体验到这一点，因为身体告诉我们该休息了。如果我们忽视身体向我们发出的疲劳信号，继续迫使自己不断努力而不休息的话，慢性疲劳便会随着时间而累积起来。很多悲惨的事故都是疲劳导致的。

员工需要有足够的时间从工作任务中恢复过来，补充失去的脑力和体力，防止疲劳积聚。如前所述，恢复通常意味着获得或保存已失去的身心精力。工作要求高会导致疲劳等应变反应的增加，为了减少和扭转这种应变反应，人们不能把所有时间都放在工作上，特别是在闲暇时间应避免与工作有关的所有活动。对员工来说，从工作中恢复过来非常重要，尤其是当工作要求高或压力特别大的时候。有研究表明，员工们汇报说，在感觉神清气爽后再复工的工作效率更好，表现更出色。这不足为怪。

劳累的员工可能是不道德的员工

在开始研究摆脱工作影响的过程中，我预感到那些在闲暇时间仍不能摆脱工作或不去摆脱工作的人会显示出不良健康状况，正如前章所述，这一点比较容易证明。但当时我没想到并使我感到非常惊讶的是，下班后无法摆脱工作的影响和工作后恢复不佳不仅影响生产力，而且影响着人们在工作中的表现。

通过一系列有趣的实验和实地研究，弗吉尼亚理工大学潘普林商学院的克里斯托弗·巴恩斯表明，睡眠不足会导致工作中存在严重的不道德行为。简单地说，道德行为可以被视为法律和道德上被更广泛的社区所接受的行为，而不道德的行为是非法的或道德上不可接受的行为。工作中不道德行为的例子可能是谎报账户，不当的性行为或盗窃。例如，在一项研究中，182名全职员工和他们的主管同意参加在线研究，每位员工都需要完成一项在线调查，内容包括他们在过去三个月应对工作要求、疲劳和睡眠所采取的措施。主管们在三个星期后完成了他们的调查，并评价了员工在过去三个月的道德行为情况。这项研究中的不道德行为各不相同，包括用他人的工作为自己邀功，泄露机密信息，在工作时间做私事，隐瞒自己的错误，栽赃无辜的同事为自己背黑锅。主管以7分制的评分来评定道德/不道德行为的频率，从1分（从未有过不道德的行为）到7分（经常出现不道德的行为）。评定结果显示，睡眠不良与由主管认定的不道德行为之间有着明显的联系，并且同疲劳有关；即睡眠不良引起了疲劳感，并由此导致了工作上的不道德行为。

在一个类似的研究中，迈克尔·克里斯汀（北卡罗来纳大学教堂山分校）和亚历山大·埃利斯（亚利桑那大学）对来自美国西南部一个主要医疗中心的护士进行了调查，以了解睡眠不足与工作越轨行为之间的关系。下列行为均可被评定为工作场所的越轨行为：向未经授权的人透露保密信息，在工作上使用非法药物或工作时饮酒，工作时处理个人事务而并未服务于雇主，或在工作时说了一些伤害别人的话。研究结果再次表明睡眠不足增加了工作越轨行为的发生率。此外，他们还发现，与每晚睡眠时间超过6小时的人相比，每晚睡眠时间为6小时和不足6小时的人更容易在工作中出现越轨行为。因此，本次研究结果和其他研究结果均证明，从工作中恢复身心以及良好的睡眠对员工的健康、生产力和工作道德都是至关重要的。

巴恩斯认为，感觉疲劳的人出现工作越轨行为的原因就是心理学家罗伊·鲍米斯特教授所提出的"自我消耗"。鲍米斯特认为，自我控制离不开由认知资源维持的持续努力，而认知资源则会在参与自我控制的行为过程中被逐渐耗尽。自我控制需要付出努力，但由于人们的能力有限，就像是有限的燃料供应一样，持续的自我控制会产生负面影响。当这种情况出现时，人们将无法抑制或抵制他们在精力充沛时可以有效对付的诱惑，因此更容易参与其他不道德的行为。根据鲍米斯特提出的理论，正如在自我消耗模型中假设的那样，睡眠对于补充被耗尽的认知资源而言至关重要。

精力充沛的人才能真正投入到工作中

恢复欠佳影响工作表现的另一个方面体现在工作投入上。工作投入是一种在认知、情感和行为上与工作有关的状态。当员工充分投入到工作中时，企业可以获得明显的效益。全力投入工作的员工会坚持不懈地工作，高度敬业，比那些工作热情不高的员工在工作时更加精力充沛，激情高涨，完全享受自己的工作。难怪企业会花费大量资金聘用顾问，去激励他们的员工更加积极地投入到工作当中。一个具有相同功效的廉价做法便是鼓励员工养成良好的恢复或睡眠习惯，如睡眠要有规律，晚上不要工作得太晚。研究表明，员工对工作的投入度可能会受到不良恢复行为的影响。在一项在线问卷调查的研究中，328 名受试者参与了有关睡眠质量、睡眠习惯（即睡眠卫生）和工作投入度的测试。工作投入度的测试对影响工作效果的三种不同方式或因素进行了评估，它们分别是：①"专注程度"，如"我完全沉浸在工作中"；②"活力有干劲"，如"在工作时我感到浑身是劲"；③"奉献精神"，如"我热爱我的工作"。受试者们以从 0（从不如此）到 6（每天如此）的 7 个等级对自己的工作投入度进行了评估。评估结果的平均值即为该受试者在工作投入度方面的最终得分。评估结果显示，那些经常具有不良睡眠卫生行为的受试者的工作投入度也相对较差。

不停地思考工作可以通过多种方式影响工作投入，其中两方面的影响最为突出。首先，反刍沉思直接影响睡眠。如前章所述，心理学家用"反刍性沉思"这个术语描述人们反复思考某一讨厌念头却无法释怀的过程。当人们对自己的工作进行反刍性沉思时便难以入睡，他们报告说，睡眠不安稳使他们在早上起床时感到精力恢复不足。这种情况在短期内会导致急性疲劳，使人们在第二天工作的效率不高，但通常这种状况只是暂时的，只要睡上一夜好觉便可恢复精力。然而，如果长期睡眠不安稳就会导致慢性疲劳。为了保持剩余的能量不被耗尽，人们自然会减少工作投入。其次，反复思考自己的工作、要完成的任务、必须参加的会议，心里一直惦记着逼近的最后期限或同事间的问题，这样会耗尽我们宝贵的能源储备。如果我们反复思考的时间太久而不停下来休息的话，我们的能量储备就会被消耗殆尽。这时，我们自然会减少工作投入和关注，更可能在不经意间犯错误。

你能记住为什么上楼去吗？

你能记住别人的名字吗？是否会经常忘记约会？是不是有时打算进房间拿点什么，可是随后就记不起为什么走进房间？是否曾经拿着车钥匙去开房门的锁？这些问题被心理学家称为认知障碍。每个人都会偶尔发生认知障碍，但我们发现，那些难以摆脱工作、不断反思工作问题的人，产生认知障碍的概率较平常人高。事实上，我们已经发现，一个人不停地思考工作的频率与认知障碍的发生次数之间存在明显的线性关系。我们发现，对于那些我们称为"情感性反刍者"的人来说尤其如此，因为他们不能从与工作有关的想法中解脱出来、放松精神而变得紧张、恼火和沮丧（与之相关的内容详见第5章）。认知障碍常常会很讨厌，有时也很有趣；但有时却可能会导致悲剧性和毁灭性的结果，如1988年7月的派珀·阿尔法爆炸事件和1987年3月在比利时泽布鲁日港外发生的"自由企业先驱"号倾覆事件。事实上，由人为失误造成的交通事故约占所有交通事故的90%。我不是说这些意外是由于人们不停地思考工作引起的，但是如果我们很难从工作中解脱出来、放松自我，我们发生认知障碍的概率就会增加，即使没有任何生命危险，但如果在写完电子邮件之前意外按下发送键，或在没有检查电子邮件内容之前便将其转发，就很有可能使自己处于尴尬的境况，甚至可能付出昂贵的代价。我并不是说所有的认知障碍都可以避免，但很明显，如果人们充分休息，或从心理上暂时摆脱工作，犯类似错误的机会就会大幅减少。

挣脱工作的束缚，做一名好同事

员工从工作中充分恢复过来，还能够以其他方式使企业受益。企业里表面上看起来无关紧要的一些行为或许不在工作要求范围之内，但是如果处理得当就会使企业受益匪浅。一个获得公认的这种行为是所谓的企业公民行为。企业公民行为被定义为：

可自由支配的个人行为，虽然没有得到正式奖励制度的直接或明确承认，但总体上可促进企业的有效运作。

通常，公司不会为员工安排这种技能的培训。因为企业公民行为往往是具有某些个性特征的人做出的个人选择的结果，这些人工作态度积极主动，有奉献精神，除了做好本职工作之外，还会有高水平、超范围的表现。在企业中具有这种工作精神的人通常不会因为他们的努力而获得奖励，而且企业公民行为也很难以任何有效的方式进行监控和衡量。然而，这种无私的行为可以使整个企业受益匪浅。

在一系列的研究中，德国的研究教授卡门·本尼维斯和她的同事们向人们展示了充分恢复精力对于在工作中培养企业公民行为所具有的重要作用。在她的一项研究中，358名雇员在相隔六个月的时间内完成了两套问卷调查。对结果进行分析后，本尼维斯教授发现，在闲暇时间身心精力得到恢复的员工六个月后工作效能有进一步提高。此外，积极反思工作能够增强员工工作的主观能动性，包括其个人主动性和创造力，并能培养员工的企业公民行为。这些研究结果强调了积极的非工作经验在员工工作表现上所起的作用。在另一项研究中，本尼维斯教授表示，当雇员在周末充分恢复了身心精力时，他们的工作效率也会更高，表现出更积极主动的行为和更多的企业公民行为。

然而，企业公民行为未必是成功且富有成效的工作保障，工作成功的起点始于在家时的状态。在下班后的非工作时间里充分地放松、恢复身心精力，能够增强我们的适应能力。虽然大多数人都认为工作中就应该有压力（我们都需要不时受到挑战），但是工作中的压力应该保持在最低限度。许多压力问题与疲劳和筋疲力尽有关，都是由担心和无法安睡引起的，睡眠不足导致全身极度疲惫。在闲暇时间从心理上摆脱工作是指断绝工作念头、彻底摆脱工作的过程。过度专注于工作，在休闲时间仍不断思考工作问题，不但消耗能量，而且会导致健康受损，增加认知障碍的发生概率，降低工作投入程度，增加工作中出现偏差行为的风险；而在心理上摆脱工作则可促进恢复的进程，有助于恢复精神和体力。

因此，从工作中充分恢复过来的员工更能专注于工作，成效更高，身体更健康，在工作时更具合作精神。所以，实现工作和休闲之间的健康平衡对员工和企业双方都有利。雇主应该制定策略，教育、鼓励和帮助员工从心理上摆脱工作。下班后忘掉工作而且休息充分的员工，会比那些过于操心工作、焦虑不安的员工能更多地投入到工作中来，感到更快乐，而且工作起来更有效率。

谈到放松和摆脱工作，我们的工作各有不同，放松身心的方式也会有明显差别。有些人可以轻易地从工作中摆脱出来、放松精神，而另一些人觉得这样做难度极大，因为他们无法停止思考同工作相关的问题，并因此而感到沮丧和烦恼。要想摆脱工作、放松精神，首先需要明确你在闲暇时间思考工作的方式。下一章将会为你提供一份与反复思考工作相关的调查问卷，通过调查问卷你就可以了解自己是哪种类型的"下班后的思考者"。

第 5 章　测试一下你保持天平的能力

人们的个性会妨碍自己的工作。

——莫斯·达夫

　　人们在闲暇时间思考工作或与工作相关的问题并不罕见，这是很自然的。我们大部分时间都在工作或执行与工作有关的任务，一天中有 1/3 以上的时间用在了工作或上下班的路上。我们可能花费更多的时间与工作上的人接触，而忽略了我们的伴侣和朋友，因此，反复思考工作并不奇怪。我们每个人的行动方式和思考方式都不相同，因此我们都以不同的方式工作，并思考与工作相关的问题。

　　人们经常问我，是否应该在不工作时尽量不考虑工作问题，这个问题问得好。近年来，工作与生活彼此平衡的概念吸引了大量的研究人员和媒体的兴趣，其中一种观点认为，你应该将工作与生活彻底分开，但是我认为这种观点不现实，也不可取，除非你的工作再平凡不过。此外，我认为"工作与生活平衡"这个概念本身就不现实，它意味着我们在生活中永远无法达到完全的和谐，因为我们都在不断奋斗、耗费自己的精力，力求保持工作与生活这两个世界的平稳和谐。因此，根据这一观点，我们都生活在一个略微有些不稳定的境地，尽量不要让一个世界"主宰"另一个世界。所以，当人们问他们是否应该尽量避免在闲暇时间里考虑工作时，答案取决于他们如何思考工作，取决于他们有关工作的想法是否影响他们的健康和幸福。如果是多管闲事、侵扰性的想法，那你最好摒弃它，并且要在自己的闲暇时间尽量彻底地摆脱工作；但如果你利用你的空闲时间来思考工作中积极的方面，与同事交流，提出比工作时更多的创意，或是找到与工作相关的任务或问题的解决办法，这样的话，在闲暇时间无偿地思考工作就不是什么大问题。然而，一旦这种想法影响了我们的健康和幸福，我们便需要在闲暇时间尽量摆脱工作，留出充足的时间放松身心。当我们在思想上无法释怀工作，并有大量工作需要完成的时候，我们会变得忧虑紧张，有时难以入睡或难以集中精力。在短期内这不会成为一个大问题，只需将其看作是沧桑人生的一部分，但有些时候，我们会遇到紧迫的最后期限，不得不逼迫自己更加努力，如果我们能在事后充分休息、停工疗养，就不会对我们造成大影响。

下班后如何放松自己？

为了了解你在下班后对工作进行的思考属于哪种类型，请在下表中填写与工作相关的思考问卷。在填写问卷时，根据自己在下班后经常对工作进行思考的方式进行回应。

与工作相关的思想问卷

以下问题与你下班后的时间有关，请圈出与你的情况相符的问卷数字。仔细阅读每个问题，但不要花太长时间思考你的答案，因为你的第一反应通常最能透露真相。

	极少/从不	很少	有时	经常	总是/一直
1. 在闲暇时间思考与工作相关的问题时会感到紧张	1	2	3	4	5
2. 下班后会思考如何提高自己的工作表现	1	2	3	4	5
3. 下班后无法摆脱工作，仍会惦记工作	1	2	3	4	5
4. 在闲暇时间还为工作相关的问题感到苦恼	1	2	3	4	5
5. 在闲暇时间因思考与工作相关的问题而感到疲惫	1	2	3	4	5
6. 下班后便将工作抛到脑后	1	2	3	4	5
7. 一下班便设法摆脱工作	1	2	3	4	5
8. 在闲暇时间仍试图解决与工作相关的问题	1	2	3	4	5
9. 下班后思考工作问题会使我变得急躁	1	2	3	4	5

	极少/从不	很少	有时	经常	总是/一直
10. 在闲暇时间会不自觉地重新评估自己所做的工作	1	2	3	4	5
11. 我发现在空闲时间思考工作有助于提高创造力	1	2	3	4	5
12. 不工作时考虑与工作相关的问题会感到烦恼	1	2	3	4	5
13. 我会思考第二天工作中需要完成的任务	1	2	3	4	5
14. 在闲暇时间我能够不再思考与工作相关的问题	1	2	3	4	5
15. 我觉得下班后很容易放松身心	1	2	3	4	5

请用下面的方法核对你的分数。例如，为了了解你能否轻易从工作中摆脱出来，可将问题3*、6、7、14、15所得分数加在一起。我们已将在下班后仍思考与工作相关问题的人分为三类：情感型反刍沉思者，解决问题的思考者以及可轻易摆脱工作的忘却者。对于每种类型，你的得分都会在5~25之间，随后我会逐一做出解释。

	情感反刍性沉思者	解决问题的思考者	可轻易摆脱工作的人
问题	1，2，3*，4，5	6，7，8，9，10	11，12，13，14，15
总分			

* =（反向得分）

通过填写问卷，你将了解自己是什么类型的工作反刍性沉思者，也可以将自己与更广泛的工作人群进行比较。该调查问卷已在许多研究和研讨会中使用过，你可以通过填写下面的表格来了解自己的分数。

你属于哪个类型？

	情感反刍性沉思者	解决问题的思考者	可轻易摆脱工作的人
低分 (5~10)			
中等 (11~19)			
高分 (20~25)			

你看清自己的特点了吗？这并不是一个绝对的测试。你或许会发现你自己在某些方面得分较高或较低，那么高分的解决问题的思考者或低分的可轻易摆脱工作的人意味着什么呢？

下班后思考工作的错误方法

情感型反刍性沉思者

情感反刍性沉思者在空闲时间里难以从情感上脱离与工作有关的想法，因为不能停止思考工作问题变得紧张和沮丧。情感反刍性沉思是一种认知状态,其特点是头脑里经常反复出现一些与工作有关的侵扰性想法,是一种消极的情感体现,如果任其发展,在空闲时间经常思考工作问题将在认知和情感方面造成侵扰。在体验过苛刻的工作要求,有过充满压力的工作经历后,你也许会极力避免在空闲时间里考虑同工作相关的事情,但是也可能会出现这样的情况:在努力回避思考工作的过程中,你反而考虑了更多与工作相关的问题;在你看电视或者与妻子、伙伴交谈的时候,与工作相关的问题不知不觉地浮现在你的脑海。这种沉思与消极的情绪反应有关(可通过紧张和烦恼的形式表现出来),当你有这样的感觉时,你的头脑正在反复思考同样的问题,这显然会对放松自己、从工作中恢复身心精力产生负面影响。

不出所料,这种类型的思考与许多健康问题相关,包括焦虑、情绪低沉(或抑郁)、注意力不集中、疲劳和睡眠障碍。大多数具有这种特征的人都有睡眠问题,如果他们在夜间醒来,往往会开始考虑与工作有关的问题。人们经常说感到疲惫,但是头刚碰到枕头,他们便躺在床上开始思考工作问题,也就是他们在工作中需要做的事情,他们反复思考同样的问题,长时间辗转反侧,直到最终入睡。大多数高情感反刍性沉思者称睡觉不安稳,早晨无精打采。本书第 27 章包含一个睡眠问卷,讨论了一系列可以用来改善睡眠的技巧。我们还发现,在情感反刍性沉思调查中得分高的员工比得分低的员工患感冒或其他疾病的概率更大。

高情感反刍性沉思者难以断掉工作念头,在不工作时不断考虑工作或与工作相关的问题，他们可能工作到很晚，经常查看电子邮件，在他们同别人交往时，他们的谈话内容总是离不开工作。以下是我们采访的两个在情感反刍性沉思调查中得分较高的受试者的回答。这种回答是相当典型的：

"如果情况确实很糟糕的话，它可以影响到一切，干扰你的社交生活，影响你的睡眠，使你难以放松自己。"

"如果我没有达到自己满意的程度，那么它（她的工作问题）就会一直困扰我，停留在我的头脑中，让我感到烦恼，直到我可以理出头绪……我在家也会时刻思考工作……但实际上什么也干不了。"

下班后思考工作的正确方法

解决问题的思考者

第二种对待工作的态度我们称之为"解决问题的思考"。解决问题的思考者在不工作时思考与工作有关的问题，因为他们喜欢自己的工作和工作带给他们的挑战。他们喜欢解决问题的心理挑战，情愿在不工作时考虑与工作相关的问题，因为他们发现解决问题的过程充满乐趣（"我在闲暇时间找到了工作问题的解决方案"）。这种思考形式的特点可能是长时间仔细琢磨一个特定问题或对以前的工作进行评估，期待得出改进措施。员工在闲暇时间考虑工作对企业来说非常有益，因为这有助于解决一些问题，比如制定新计划，提出新的发展战略和构想，或者开发新产品。

即使解决问题的思考者没有积极地参与问题的解决，他们一直在思考的问题解决方案也可能突然浮现在他们的头脑中。我们许多人可能都有过类似的经历，例如在做园艺或看电影的时候，我们并没有真正地考虑工作，但是突然间脑海里就会闪现一个念头，有时可能是一个没有任何明显关联的评论，或是你正在阅读的读物给了你灵感。

解决问题的思考者喜欢思考和学习新技能，天生乐于积极参与学习，培养自己。在适宜的环境中工作时，工作对他们来说更多的是一种爱好，每天过得非常愉快，当我们享受工作时就会达到这种境界。对于解决问题的思考者来说，思考本身就是目的，这种思考被称为目的性（autotelic）思考。autoletic（"目的性"）是一种被描述为"目的只存在于自身，与外界无关"的事物或过程；该词源于希腊词汇 autotelēs，由 aut 和 telos 两部分组成，分别意为"自我"和"目标"。一位 autotelic 作家喜欢写作，一位 autotelic 音乐家乐于演奏，一位 autotelic 艺术家喜欢作画，为了成为这些领域的专家，人们需要进行多年训练与实践，不断提高自己的技能，而且他们并不认为这是一件苦差事。

因此，解决问题的思考者享受挑战，特别享受解决问题的过程，这些人往往不会因为下班后思考工作而感到有压力或感到厌烦，事实上，这种不干扰情感的思考模式对身体相当有益。有趣的是，每当不在办公室，甚至在无意识地考虑某个问题时，我们可以提出最好的想法或解决问题的最佳方法，有时解决方案会突然浮现在我们的头脑中。虽然经常思考问题解决办法的人在不工作的时候思考工作问题感到非常愉快，劲头十足，他们仍需要进行阶段性的休息和恢复，事实上他们也确实会这样做，以防长期发展下去引起身心疲劳。然而，解决问题的思考者具有很强的自控力和自律力，因此，他们在享受工作的同时仍能腾出时间放松身心，开展娱乐活动，他们通常都是身心健康的人。

一些人可以轻易忘却工作，是因为他们从未真正地投入工作吗？

可轻易摆脱工作的忘却者

我们将确定的第三种思考工作的人称为"可轻易摆脱工作的人"。他们在离开工作后可立即忘却工作（或相对较快地忘却工作）。轻易地摆脱工作并不意味着工作缺乏成效或没有回报，相反，如果人们能睡个好觉，充分休息，恢复过来，就会有更高的工作效率。思考工作，尤其是在深夜思考工作，会延迟我们入睡的时间，并且会在入睡后扰乱我们的睡眠，所有这一切关系到合理安排工作与生活的问题。如果人们摆脱工作的尺度过大，我会认为他们从一开始就没有真正地投入工作。一份工作必须具备智力和经济上的双重激励和奖励，如果你在工作之外从未想到过你的工作或同事，那么我认为你选择的工作不适合你，这再次涉及处理好工作与生活的关系这个问题。

例如，凯莉说：

"我相当擅长摆脱工作，在我离开办公室后……回到家的时候，我确实会把工作留在公司……我和有些人一样，一旦迈出公司大门便会立即忘却工作。"

本书的其余部分主要向你介绍一些实用技巧和实训练习，使你在工作之外减少感情上对工作的依恋。我的目标并不是让你在闲暇时间完全忘记工作问题，如前所述，我认为这样做并不明智，也不现实。通读整本书很重要，我建议你练习每一章的技巧，进而逐步完成整本书的练习。你最好不要尝试同时做好几件事，因为根本无法保持下去，并且你会觉得这些技巧都不奏效，因此，只有在掌握了一两种方法的前提下才能尝试学习下一个方法。此外，你可能会发现有些技巧更适合你，这种状况并不能说明另一些技巧不管用，只是不适合你而已。我们每个人都与众不同，有些技巧比其他技巧更适合某些人，所以我给大家的建议是保持开明的态度，摒弃所有成见，善待自己，即使偶尔思考工作也不必担心,这本书会告诉你如何打消顾虑。放松身心重在行动,也就是说,每一个人都需要自发地开展一些活动,以便从工作中恢复过来。停止反刍性思考,学会下班后放松身心是一个积极的过程,也是一个随着时间变化的动态过程,为此,你要尽可能多地进行练习。遗憾的是,我无法指挥你的大脑何时打开或关闭工作开关,但是如果你能遵循我的建议,我保证你会获得成功。

一旦你从书中了解并掌握了各种技巧,应回到本章,再次完成脱离工作调查问卷,你会对自己取得的进步感到惊讶,你也会发现你在工作中更有成效,更快乐,更会享受生活。

第 2 部分
培养消除压力的技巧

概　述

　　本书的第一部分讨论了为什么对于你和你的老板来说,不被工作所左右很重要,我的目的就是要让你明白,为了使自己的工作卓有成效,你根本没有必要超时工作使自己精疲力竭,让自己适时休息放松仍然可以完成同样多、甚至更多的工作任务。在第一部分我还介绍了同工作有关的反刍性沉思概念,阐述了在闲暇时间摆脱工作的影响、放松身心对我们的健康和幸福所具有的重要意义,你可以采取各种技巧和策略帮助自己做到这一点。在本书的第二部分,我会向大家介绍相应的练习模式和策略供大家采纳实践,以培养下班后摆脱工作影响的能力。所有的练习都比较容易,但是你需要抽出时间进行实践;然而,为了改变自己,你必须做好心理准备,激励自己实现新的变化。在第二部分的前两章,我将讨论改变工作方法、工作核心信念及思考工作方式的原因及方法,简要介绍克服完美主义倾向的途径。我要再次强调,改变工作方式决不会影响你的工作效率,事实上,意想不到的是,通过改变你的工作核心信念,你会发现自己可以有更大的作为。

第6章 你的工作哲学是什么

存活下来的并非是最强大的物种，而是能够成功适应变化的物种。

——查尔斯·达尔文

人们可能很难停止工作，而多年已经养成长时间工作习惯后尤其如此。多年的不懈工作会让我们形成必须时刻工作的"核心信念"。例如，"如果我今晚不工作，我就会失败""如果我不工作，我的老板会认为我懒惰"，或者"我必须工作，否则我就永远不可能成功"。我们这个社会尊崇那些具有严格的新教徒或清教徒职业道德的人，在很多方面，这的确是可贵的品质，积极投入并享受自己的工作，而且工作富有成效，这在心理上对人们有益，也有利于整个社会。然而，有些人不仅工作过度，而且痴迷于工作，对他们来说，"工作"和"休闲"是水火不容的对立面，"休闲"往往在他们心中一文不值，在与"工作"的较量中均以惨败收场。这样的人几乎没有时间陪伴家人，很少把时间用在业余爱好或工作以外的社区活动上，他们的头脑中根本没有在工作与生活之间保持合理平衡的概念，他们的人生哲学是"生活就是为了工作"。

进入工作而不休闲的极端状态就会成为所谓的"工作狂"，工作与休闲之间的平衡彻底瓦解，完全沉迷于工作。事实上，工作和休闲之间存在明显的反向关系：工作干得越多，在工作以外的事情上花费的时间就越少，对工作以外的事物，包括家庭活动、朋友等，就越不感兴趣。

以乔的案例为例，他是一位销售经理，领导一个由15人组成的团队，他就是典型的工作狂。他曾经参加过我们的一项调查研究，在采访中，当被问及"你认为工作和家庭生活哪个更重要"时，他说：

"在工作时，我眼中只有工作。我需要管理我的团队，要让他们更有效地完成工作，我必须了解所有工作的最后期限，这样我就能够知道什么时候可以完成任务。至于家庭生活，我们只是凭感觉做自己想做的事情，根本没有什么先后主次安排。"

我们对乔提出的另一个问题是："如果家里和工作都需要你（家里的事情会占用你一些工作时间），你会优先考虑哪个？怎么处理？"

"我会选择工作，除非家里有很重要的事情仅我能完成不可。

必须妥善处理这种情况，如果我们勤奋工作，通常都会获得成功，即使在处理家庭事务时，我也会考虑我在工作中需要处理的问题，经常离开办公室可不好。"

虽然乔是一个极端的例子，但有许多人也快要成为工作狂了。实际上，我遇到的很多人都有长时间工作的习惯，在为时已晚之前，他们都不认为这是个问题。即使不在工作地点，也有人心里会一直想着工作问题，以比尔的情况为例：比尔从事金融方面的工作，据他讲通常每周都要工作55小时到60小时，但他并不认为长时间工作是缺乏效率的表现，他认为，有时难免工作时间长一些。他还说：

"无论我是在家工作，还是在火车上工作，我都不认为是加班，只不过是工作的一部分，我想我的标准工作时间是每周35~40小时之间。"

这种行为在短期内没什么坏处，但工作时间过长不利于长期健康和幸福，也不利于社会或家庭生活。顺便说一句，比尔的抱怨之一是他无法摆脱工作、放松自己，这显然是因为他总是在工作。

普通美国人每天看电视的时间超过 5 个小时

当工作狂或有工作狂倾向的人不工作时（我故意避开"放松"这个词），他们往往把时间花在我们所说的逃避活动上，这些都是被动的休闲活动，如看电视，因为他们太疲劳了，不能开展创造性的或积极的业余爱好活动。事实上，有"工作狂倾向"的人大部分非工作时间都用来看电视。有趣的是，看电视是西方世界排名第一的休闲活动。据估计，普通欧洲人每天看电视的时间约 3.43 小时；普通美国人每天看电视的时间为 5.11 小时；32% 的英国人每天花费 3 小时或更长时间看电视，在欧洲仅次于保加利亚人，排名第二；而只有 13% 的德国人每天花费 3 小时或更长时间看电视。把太多时间花费在被动性的活动上最终会导致健康问题，久坐不动玩电子游戏是另一种逃避活动，在这些活动上花费很长时间，其后果就像吸烟和肥胖一样，对健康有害。

工作狂实际上害怕休闲，并热衷于有效利用自己的时间，热衷于在他们看来有效益的活动。难怪他们不喜欢休闲，因为他们从来没有学会如何玩乐，只有为数很少的人会像对待自己的工作一样对待自己的闲暇活动：无论做什么都要力争做得最好。在打壁球、高尔夫球或跑步的时候，他们都会抱有必胜的竞争心态。是的，我们大多数人都喜欢竞争，但是我们不同于工作狂之处就是我们享受竞争型的比赛，我们将这种源于参与游戏并获胜（如果我们有幸获胜的话）的享受视为奖赏。

过度工作的倾向是由内心信念决定的，即任何形式的个人工作能力（生产更多的商品、有更多的创意、更高的销售额、更好的质量等等）都是成为佼佼者的标志。事实上，工作狂的行为适得其反，他们最终会把自己累垮。没有充分休息和恢复，一味对自己施压，是正常人无法承受的，长期下去会严重影响身体健康。作为一个群体，工作狂比普通人更容易经受压力和疲劳，更可能身患疾病（但大多可预防），例如高血压、溃疡和头痛。由肾上腺素和咖啡因刺激的身体迟早会被累垮。因此，很多工作狂处理不好人际关系便不足为奇了，因为他们没有时间陪伴自己的伴侣和孩子，在情感上也不需要伴侣或孩子的陪伴。

积极投入但不痴迷

聪明和富有成效的员工是那些我们称之为"积极投入工作的员工"。他们精力充沛，对工作有很强的责任心，但并没有"工作狂倾向"。因此，他们爱岗敬业，工作态度积极主动，心理高度健康。他们有许多特点，充满能量与活力，干起工作动力十足，并为自己的工作和所在企业感到自豪。这样的员工完全沉浸于自己的工作中，为按时完成工作任务都会加倍努力，任劳任怨。积极投入工作的员工对自己的老板尤其忠诚，通常会为自己所在的企业效力多年，舍不得离开。这种不离不弃的忠诚态度会为企业的发展带来明显益处，全心全意投入工作的人显然是他们所效力的企业的财富，一旦他们为自己工作，往往都能成为成功人士。

准时下班的人永远不会成功吗？

你可能没有听说过雪莉·桑德伯格，但我敢肯定你听说过脸谱网。在本书写作期间，桑德伯格女士担任脸谱网的首席运营官，她被称为"坚强无畏的女人"，显然她很聪明，对工作兢兢业业，她对年轻职业女性（以及男性）的建议是"努力工作，坚持你所喜欢的，不要放弃"。在2008年加入脸谱网之前，她曾就职于谷歌、世界银行和美国财政部。雪莉在脸谱网主要担任业务主管，负责范围包括销售、营销、业务发展、人力资源、公共政策和信息交流，显然她是个大忙人，但有趣的是，她却因为在5：30准时下班而闻名业界。她这样做是为了和家人共进晚餐，与她的孩子在一起。她说：

"我在谷歌的时候就按时下班，在脸谱网也按时下班。从去年开始，我才勇于公开谈论我按时下班的事情，现在我当然不会撒谎，但我也不会到处宣扬此事。"

起初，雪莉觉得她"准时下班"的行为会引来别人的负面评价，因此，她通常会在晚上或清晨发送工作邮件作为对"准时下班"的补偿，并希望以此让自己的同事明白自己并非是个工作偷懒的人，直到最近她才能在5：30的时候心安理得地离开办公室。当前，在"假性出勤"文化大环境里，"准时"下班是一种耻辱。我故意强调"准时"二字，是为了表明并非"早退"或"偷懒"。在竞争激烈的工作环境中尤为如此，如果你比清洁工下班早，就会被认为是没有团队合作精神的人。准时下班是不应该有负罪感的，当然，确实有些时候整个团队都需要工作到很晚，不得不开夜车，但显然这种情况只是例外，绝非惯例。

研究还表明，与家人吃饭有许多好处。如果孩子们可以和他们的兄弟姐妹以及父母一起吃晚饭，他们在学校的表现会更好，也会更快乐、更健康，惹上麻烦的可能性会更小。另一方面，如果一位员工的家庭生活幸福快乐，那么他或她的工作效率就会更高。我们需要传达的信息是：按时下班是可以的，事实上，我们应该强制执行按时下班的制度。

有可能改变自己吗？

有趣的是，人们对痴迷工作和投入工作二者之间的关系进行研究后发现，两者之间没有任何关联，也就是说，它们是两种互不相同的概念和互不相干的心理状态。事实上，我们通过研究得知，在减少对工作痴迷程度的同时仍可保持原有的工作投入程度，甚至还会有所增加。为了改变你的工作习惯，你需要改变自己的核心工作信念，只有当你真诚地认为在闲暇时间放松身心是件好事，才能真正彻底地从工作的束缚中解脱出来，放松自己。随着时间的推移，你会逐渐发现自己在工作中的工作效率更高，工作起来更有热情，疲劳感也降低了，但这可能需要一段时间。改变一个人的核心信念是需要时间的，长期以来你一直认为，每周应该工作60小时以上，在改变自己的核心工作信念的过程中，你将不可避免地感受到内心中有关工作的全新想法同长期以来所抱有的旧观念之间的冲突所引起的紧张不安。起初，在许多个夜晚和周末，只要不工作或者不思考工作中的问题，你就会感到焦虑，你可能会经常问自己，"我是否应该查看这些电子邮件，以防万一？"但是尽力抑制这种冲动是很重要的。

学会接受改变

核心信念像胶水一样把我们联系在一起，使我们有了生活的目的。核心信念非常重要，因为这种信念有助于我们处理和应对产生压力的因素。在20世纪70年代末，苏珊娜·科巴萨在位于芝加哥的伊利诺伊州贝尔电话公司（IBT）担任心理顾问专家。当时，美国的电话业是一个由联邦政府监管垄断的行业，这就意味着电话公司的大多数员工都有一份终身工作。1975年，苏珊娜·科巴萨开始收集一批约259名志愿者在压力和负担、个性特征、社交模式、动机和信念等心理方面的数据,此外,她的团队还收集了工作绩效方面的有关数据。

在 20 世纪 70 年代,电话行业的工作情况与现在相比有很大不同。原本大多数员工觉得生活稳定,有一份终身工作,但这种状况很快就发生了改变。联邦政府开始立法以促进企业间的竞争。在新自由市场环境下,由于竞争加剧,在立法计划执行的六年期间,整个行业发生了剧变,IBT 的员工数量从 1981 年的约 2.6 万人次减少到 1982 年的 1.4 万多人,那些有幸留下的员工发现自己的工作角色仍然处于反复重组之中。在此期间和接下来的六年时间里,科巴萨的团队继续收集工作绩效方面的数据。研究中很早就已明确的是,大约 2/3 的员工因为发生的变化产生了心理问题,其症状包括精神病理学的经典迹象——焦虑、抑郁,以及越来越多的自杀、离婚和毒品成瘾等行为;在生理上,那些因形式变化而感到苦恼的人更容易患心脏病、中风、肾衰竭和癌症。然而,另外 1/3 的员工的状况并非如此,这组员工表现出极少的类似症状,并在很多方面蓬勃发展,同行业巨变之前相比,他们作为一个群体表现出了更多的兴奋、热情,更大的动力和执行能力,这些人受行业变化的影响较小,适应能力更强,科巴萨把这种行为称为顽强。顽强是一种态度,可用三个词语进行解释,即挑战、忠诚和控制。在挑战方面,意志顽强的人认为生活在本质上是有压力的,但他们认为压力和挑战是促进成长的机会;忠诚指相信参与项目或任务的重要性,绝不放弃或停止尝试；控制意味着需要努力保持专注，掌控局面。掌控局面的人专注于他们所能控制和影响的一切，而不会在他们无法掌控的任务或局面上费工夫。

　　进一步的研究表明，意志顽强的人（具有很多顽强品质的人）在生活中有自己的精神支柱。当我们致力于某件事时，精神支柱给我们指明方向，在我们的生命中创造意义。那些朝着某个目标迈进并具有一定核心信念的人往往更有动力，并会抽出时间反思他们的价值观和信仰。精神支柱会使他们认清自己在干什么，应该往何处去。意志顽强的人也爱好交际，对自己的朋友和同事感兴趣，无论做什么都很投入。

第7章　是时候修正你的工作信念了

相信自己便已成功了一半。

——西奥多·罗斯福

前一章我们探讨了核心工作信念的概念和努力改变自己的意愿。本章介绍的一个练习，有助于你识别并改变不良的核心工作信念，另外本章有一部分专门讨论完美主义的核心信念，并就如何减少"完美主义倾向"提出了相关建议。只要按着练习指导做下去，你就会实现自己的目标，工作更投入，成效也更大。

核心信念是指人们对工作抱有的信念以及他们对组织的忠诚程度，68页的练习一可以帮助你改变自己对待工作和生活的核心信念。需要明确的是，开展这样的训练不会减少你参与和投入工作的热情，事实上，我提倡的是完全相反的一面。许多人有很强的职业道德感，但仍然能够放松身心，这些人与过度投入工作的人一样，甚至比他们在工作上更有成效。因此这项练习是专门为那些具有强烈职业道德感的人而设计的，他们工作时兢兢业业，但却从来不能正常摆脱工作的影响，放松身心。如果你也是他们当中的一员，你需要在这种思维模式毁了你之前将其摒弃。这个练习的目的实际上是让你重新思考你的工作方法和你的核心工作信念，这样做，你会发现你的注意力更集中，疲劳感会降低，工作效率也更高。为了实现这一目标，我们需要采取一些相关措施。

反思工作

首先，我们需要明确你目前对工作抱有的主要核心信念，并分析一下其有效性如何。你可以使用下面的核心信念工作表一，在 A 栏写下有关或支持你目前抱有的核心信念的例子或证据，你会举出很多与同一个核心观念相关的例子。令人惊讶的是，在人们亲眼看到这些写在纸上的例子之前，一般不会意识到工作究竟在多大程度上主导着他们的生活。写出来的东西会让人感觉更真实，写出自己的核心信念有助于你巩固对健康有利的新工作方法。例如，你会发现自己每天晚上，有时甚至是在睡觉前，都会查看电子邮件。接下来，你需要将这样做的原因写出来。

核心信念工作表一：你目前的核心信念（以前的自己）

A 列举能够支持你目前核心工作信念的行为	B 解释这种行为背后的动机或原因	C 反对这种行为的原因
（例子） 每天晚上都要查看邮件，即使与朋友外出也照做不误。	（例子） 我必须查看邮件，否则我就会落后。 人们喜欢自己的邮件得到及时的回复。 这会让我感觉到自己很重要……	（例子） 我不会落后，因为我不会承担太多的工作。 大多数人不会期望在不工作时收到工作方面的及时回复。我知道我最好集中精力听朋友讲话，享受美好的夜晚，在社交场合查看电子邮件是不礼貌的。
（例子） 我需要每天都工作到晚上 9 点。		
（例子） 吃午饭的时候我都在工作。		

接下来，你需要探索支持和反驳你目前核心信念的证据。可能你会认为，如果你的老板能在工作以外的时间联系到你，就会因此而更重视你；或许你会觉得，如果你工作更长时间，就可以做更多的工作（事实上，有证据表明，一旦你每周的工作时间超过了 50 小时的上限，长时间工作只会让你放慢速度，降低工作效率）；或许你会认为，"如果我不这样做，就没有其他人去做这项工作"，或者"即使在工作以外的时间，人们需要我快速回复他们"。在 B 栏中写出导致 A 栏中相应各行为的原因，我们做出某些行为的原因会有很多，如果你真想改变自己，请如实填写工

作表中的各项内容。例如，你查看邮件是为了让你的朋友知道你很重要，或者你可能觉得需要给合作伙伴留下深刻印象，让他们知道你很忙碌，也很成功。

接下来，在 C 栏写出反对这种行为或信念的原因或证据。你需要全面对支持或反对你的行为或信念的理由进行评估，例如，你可以问一问别人是怎么想的，或者问一问自己的朋友他们是否认为那种行为合理。认清支持你原有或目前核心信念的行为缺陷，因为这有助于你重新提出一些切实可行的方法，以改变那种不良信念和行为。

核心信念工作表二：你目前的核心信念（全新的自己）

在这张工作表的 C 栏，写下你所实施的可以帮助你改变旧的核心信念、采纳新的核心理念的行为，然后在 D 栏全面评估支持或反对这种行为的例证。认清你原有核心信念的缺陷，有助于你树立起更加现实的生活观念。

C 你决定采取什么样的行动改变自己的核心信念？	D 收集一些支持或反对你的全新核心信念的行为证据
（例子） 晚上 7 点后不查看电子邮件。	（例子） 上周和朋友出去的时候，我克制住了自己，始终没有查看手机上的信息或电子邮件。
（例子） 闲暇时间停止一切工作，与家人在一起。	
（例子） 追求我的爱好。	

即使在改变的过程中,你也需要记下并收集能够支持你原有核心信念的证据。例如,晚上还在工作,或者在参加社交时查看电子邮件,这些都需要记录下来。如果你因为特定的截止日期而工作或查看电子邮件,请诚实地面对自己,不需感到内疚,因为这种状况有时会发生。这种想法出现时只需把它记下来,但尽量不要重复这种行为。

你需要做一些家庭作业,最好每周做一次,搜集一些支持你的工作和生活新观念的证据。请记住,最优秀的员工对待工作和生活都抱有积极的态度;他们通过追求健康的休闲活动来平衡工作压力,喜欢与家人和朋友共度美好时光,他们积极投身于休闲活动,因此,每周花点时间回顾一下你的进步。我的许多客户告诉我,以书面形式记录自己的进展情况有助于他们专注于自己所做的事情,他们还说,通过使用这种方法可以看出以前的不良行为。有些人对他们在下班后仍经常忙碌于同工作有关的任务感到惊讶,如果你有合作伙伴,不妨请他们帮助你记录一下,通常他们所做的有关记录的真实性可能超过你自己的记录。用书面形式记录你的行为将有助于巩固你的新核心信念,增加主动控制自己生活的可能性。

你也可以使用工作表来解决其他问题。有时,你可能需要查看一段时间内的某些行为和信念以及你填写在工作表上的信息,随着时间推移,你会发现自己树立了一套更加现实的信念。有时在生活中,直到把问题写下来,我们才能找到它的答案。当我在研讨会上这样做时，人们经常说，一旦他们写下某件事情，就会突然意识到有必要改变自己的工作方法，然后便开始疑惑为什么自己以前没有这么做。

一开始不要急于求成

有时你很难接纳你的新核心信念；你需要计划，需要实践。一开始不要急于求成，应该像健身那样，慢慢来，按部就班地展开实施。大部分时间里都安逸地坐在沙发上的人根本不可能跑完马拉松，因此，不能指望新核心信念能够让你马上停止工作。健身需要时间，养成一种健康的工作方式也同样如此，你需要逐渐改变自己的习惯。体重增加的人停止节食的原因之一是因为他们觉得节食太难了，过多过快地减少食物摄入量总会让他们感到饥饿，渴望食物。不要害怕，慢慢来；不要因为进展缓慢而拖延了你前进的步伐。（见下面的案例研究。）

还记得第 1 章中对杰西卡的案例研究吗？杰西卡眼看就变成工作狂了，她每周工作 60 多个小时，总是疲惫不堪，抱怨自己永远不能摆脱工作。而讽刺的是，旁观者很容易认为杰西卡的工作方式完美无缺。其中一个层面的原因是，她的工作条件是很多人为之奋斗的目标。她的工作比较自由，灵活度大，可以选择自己的客户，待遇相对优厚。然而，杰西卡最大的敌人是她自己，她承担过多的工作，给自己施加越来越大的压力，然后担心自己是否能够应付自如。在不工作时，她心里总是惦记着工作。我和她见面后做的第一件事就是了解杰西卡有关工作的核心信念，我想知道杰西卡的工作动力是什么，是金钱？是对失败的恐惧？还是其他的东西？原来，她主要担心的是没有工作可做。一想到失去工作真的令人不安，特别是她在干上一份工作时尽管兢兢业业为公司效力，最终还是被公司解雇了。她担心如果她渐渐放下工作，最终就会没有工作可做。我们对这个问题进行了研究。

如第1章所述，杰西卡的几个难缠的客户占用了她大量的时间。根据"80∶20"的经验法则，80%的奖励来自20%的工作。这个经验法则是在意大利工程师维尔弗雷多·帕雷托所做研究的基础上得出的。通过对社会财富的分配进行观察后，维尔弗雷多·帕雷托得出结论：大约80%的财富和收入是由大约20%的人口创造的，虽然这不是精确的科学结论，但却是一个很好的经验法则。所以我和杰西卡开展合作，一起找出可让她获利最高和最低的客户，确定那些最难缠和最让她省心的客户。我们得出的结论是，只要杰西卡能过上体面的生活，她完全可以只与好的客户或同事合作，尽管这样的客户或同事通常不会支付最高的费用。这样做可能还有其他好处，例如，这样的客户或同事可能非常容易共事；他们可能为你介绍其他客户，他们也可能是一些非常友善随和的人，你愿意同他们交往。全面考虑之后我们认为，杰西卡最好放弃她最难缠的客户，这些人占据了她80%的时间，但他们支付的酬金却不到杰西卡总收入的80%。此外，我们还对其他一些本书涉及的问题进行了研究，例如，填补空虚，培养爱好，规划迷你假期（将在第 11 章、第 12 章和第 17 章进行讨论），这些都是为了让她有所期待，让她充分休息，恢复身心健康。

四个月后当我再次见到杰西卡时，她感觉自己的生活更有条理，改进很大，闲暇时间她会去健身房，或是培养新的业余爱好。也许问题明摆在那里，但有时她也需要别人的指点。我告诉她摆脱掉那些浪费时间的、难缠的客户（建议他们另找一个财务顾问），因为这符合杰西卡自己的信念。这样做是否对杰西卡产生了不利影响？当然没有。她实际上很擅长自己的工作，而且拥有一批很好的客户，他们很看重她的工作，从长远来看，她的其他客户也会获益。在放松身体、恢复精神、热衷工作的情况下，杰西卡变得更加积极努力，不再犯错误。

当我再一次见到杰西卡时，她完全变成了另一个人，她完全能够掌控自己的生活，并拥有了工作以外的生活，那时的她精力充沛，摆脱那些浪费时间的客户后她很开心。

只有准备好迎接变化，才能够适应变化。改变一个人的核心信念也一样，改变的动机需要发自人的内心，改变的关键是找到你真正想要的生活。问问自己是否已经做好改变的准备；如果你决定要改变，你的成功概率会很高。

完美主义是否阻碍了你的进步？

你总是在努力事事做到最好吗？你的目标是让你承担的工作

100%完美吗？你一遍又一遍地全面检查，在你的眼中没有任何事情是完美的，对吗？此外，你是否发现，你通常都会推迟或者只能按时交付方案？如果在你身上出现过这些情况，你可能是一个完美主义者。

做一个完美主义者有很多优势，如果你是一位完美主义者，你的性格特点多年来可能会一直对你有帮助。如果你的生活态度懒散草率，你根本不会拥有现在的成绩。诚然，做一个完美主义者有很多好处：你可能非常擅长规划，办事有条理，张弛有度，且善于预见潜在的问题和制定应急计划。

但是，完美主义者也有许多缺点。你可能会给自己设定不切实际的目标，并期望别人也能达到类似的高标准。完美主义思想可以很好地为你服务，但如果分配到了额外的工作或被设定了最后期限，你可能会发现你承受的压力会逐渐增加。由于对精微细节关注过多，你有时会忽视对大局的思考，比如忽视项目完成的截止时间。完美主义者有时可能会成为可悲的管理者，因为他们总是用非常高的标准要求自己的下属（有时对下属的这种高标准的要求是不切实际的），还会因为工作做得不够好而不再给下属分配任务。因此，他们不仅疏远自己的同事，最终也让自己承担了太多的工作和压力。

有些人倾向将"完美主义"分为两种类型：适应型和非适应型。适应型完美主义的特点是责任心强，个人标准高，组织能力强并渴望实现个人目标；相比之下，非适应型完美主义的特点是非常害怕失败，强烈需要呈现并保护"无瑕形象"和自我意识。非适应型完美主义与自我隐瞒的强烈需要有关，具有这种性格特征的人需要隐藏错误和缺陷，这可能是由他们不合理的信念造成的，在他们看来，一件做得不够完美的事情会反映出他们自身的缺陷。因此，让自己明白这样一个道理很重要：其实你并没有失败，失败的是你的行为。你可以通过实践来改变你的行为。

由于非适应型完美主义具有自我隐藏的特点，明显具有这种个性特点的人常常对他人隐瞒敏感的、可能令人尴尬的信息，而且很少寻求或利用现有的社交圈获得支持。在将适应型和非适应型完美主义者进行比较后发现，适应型完美主义者反复思索压力因素的可能性较小，不太容易变得抑郁，也不太可能进行自我批评。因此，尽管适应型完美主义者为自己设置了非常高的标准，他们确实具有一定的灵活性，允许偶尔的失误，并最终从他们的成功中获得真正的满足感。

完美主义思想使得人们在下班后极难摆脱工作影响、放松身心，难怪完美主义者根本不知道适可而止，不断追求"完美"。我们经常谈论收益递减的规律，几小时的努力也许只能给你正在承担的工作带来微不足道的改进，这就是通常所说的"有付出，没回报"。因此，高度的完美主义思想会导致许多与压力有关的生理和心理疾病，包括焦虑、抑郁、疲劳、冠心病、进食障碍、强迫症等等。

不要对自己过于挑剔

我们应该承认世上没有十全十美的事。如果有的话，我们可能会为追求完美而停滞不前，这样做没有任何意义，我们必须接受这个事实。努力把事情做得更好的意愿是好的，但是如果事情不总是按计划进行的话，也不要折磨自己。不屑一顾地回顾你做过的工作，并不是一种贴近生活的理性方式，从经验中学习是正确的，但不要停留在过去，如果不断地重读人生的前一篇章，就不能续写下一个人生篇章。我们需要克服缺点和失败，不断前进。科学充满了失败，思考一下灯泡或无袋真空吸尘器的发明过程便会知道，所有最终成功的发明都源于过去的失败，或者源于思考角度的改变。没有经历失败，就永远不会知道成功是什么滋味。我记得托马斯·爱迪生曾经说过他从来没有失败，他只是发现了一万种不起作用的方法。

我们推迟任务的原因有很多，有时只是因为我们不喜欢做，我们总能找到更有趣的事情去做。然而，对于完美主义者来说，拖延的原因并非这么简单。一个完美主义者可能会推迟开始做某件事的时间，因为他们一时想不到做这件事的最好方法；他们可能会推迟发送重要的电子邮件，因为他们担心邮件中有错误，或者邮件内容不能很好地传达他们的本意。虽然这看似相当不合理，但有许多人都这样做。许多高度完美主义者生活在一个高度紧张的状态，对自己充满疑虑，高度焦虑，总希望别人看到自己最好的一面以维护他们脆弱的自尊心，这就是为什么他们总是惦记工作、工作操心的原因。也正因如此，倘若我们真的希望摆脱工作、放松身心，就必须改变完美主义者的工作方式。现在是时候采取行动了，切记，不要对自己过于挑剔。

做好记录

用卡片或手机记事本做笔记。它们既可以用来强化你所学到的东西，提醒你坚持自己的新核心信念，又可以在工作情况变得艰难时为你提供帮助。但你也应该有一些专门用于提示本书要点的卡片，以便于定期进行温习。你也可以把特定情况下需要采取的行为记在卡片上，例如在午休期间抵制工作的冲动。如果你想在午休的时候工作，你可以尝试着说服自己——自己只是今天这样而已，但是你也要核查一下在卡片上写的内容："吃午餐很重要，我需要放松。如果我这样做，下午工作起来会更有效率，做出的决策会更合理，也不会感到那么疲劳。"传统的做法是将这些写在一张纸或一张卡片上，但现在大多数人都有智能手机，把要写的内容直接输入手机里会更容易一些。但有些人可能会认为写在卡片上更好，因为带有自己笔迹的卡片更具有个人特色。

你也可以使用一些提示来帮助你。首先，写下你最初的想法以及这个想法给你带来的感受；接下来，进行逆向思考（怎么做能说服自己反对最初的想法），然后制定一个行动计划。例如，忙碌了一天之后，在晚上你还是难以停止工作，仍然感到非常兴奋：

例一

明明知道没有必要，却还是工作到很晚：
最初的想法：如果我继续工作，就会减少第二天的工作量。
相关感受：如果不继续工作，我会对自己很失望，会觉得自己很懒惰。
逆向思考：我今天已经做了很多，休息一下对我有好处。如果我现在停止工作，明天早上我会感到更加神清气爽，更好地投入到明天的工作中。
采取的行动：我需要让自己打消工作的冲动，花点时间放松一下，以便明天更有效率。

例二

要想成功，你必须时刻工作：
最初的想法：如果我现在停止工作，我将永远不会成功。
相关感受：如果我5：30下班，就注定会成为失败者。
逆向思考：雪莉·桑德伯格每天都是5：30下班，但她绝不是失败者。
采取的行动：我现在就停下来，花点时间做我想做的事。

例三

如果有一天晚上你因思考工作而感到苦恼：
最初的想法： 我真是没用，我的大脑一直在不停地工作，可还是有这么多事情要做。
相关感受： 我无法控制与工作有关的想法。
逆向思考： 我可以像以前那样分散自己的注意力。
采取的行动： 我不要坐在这里，我要做一些积极有益的事情（例如去健身房，花时间做些自己喜欢的事情，或陪伴家人、朋友）。

例四

因为你的完美主义特质，知道什么时候该停下来：
最初的想法： 这项工作还不够完美，不能给老板看，我必须把它带回家继续完善。
相关感受： 就这样提交这份工作会让我感到尴尬，我会觉得自己很没用。
逆向思考： 是我太悲观了，我的老板通常对我的工作感到满意，即使这次不是100%的满意，从他那里得到一些反馈也是好的。
采取的行动： 我现在就停下来把它交给杰克。

制作这种卡片记录的目的是为了在你感到脆弱的时候给予你支持，强化你所学到和已经知道的知识。你可以将卡片作为一个工具来提醒自己过去的成功；你也可以开发自己的记录方式，与本书的其他章节结合使用。通过使用这些记录方式，你会感觉你可以更好地掌控自己的生活。

第 8 章　不要让你的压力失控

> 心是自己的殿堂，它可以是天堂中的地狱，也可以是地狱中的天堂。
>
> ——约翰·弥尔顿《失乐园》

有时候，在特别专注于工作的情况下，我们会丧失洞察力和控制感，我们头脑中想的都是工作中的情况："我无法相信他/她说了这样的话""为什么我的老板总是对我不好？""我怎么会这么傻？""这是我能给别人留下好印象的唯一机会""真希望我没有对詹妮说那件事，那样我就不会陷入现在这样的困境了"。如果不加以控制，这些问题会占用我们的闲暇时间，使我们身心憔悴。这种思考带来的问题是，在大多数情况下我们都觉得无计可施，尤其当我们在工作以外的时间有这些想法的时候。

和我交谈过的一位教师给我讲述了他所经历过的一个情况。他有一个无可挑剔的职业，是一个优秀的教师，我们暂且叫他约翰。一天，约翰看到一个男孩在胡乱摆弄电柜，这个孩子为什么会在那里是另外一个问题。约翰意识到了男孩的行为可能导致的危险，便一把抓住他，把他从房间里拽了出来，让他脱离了危险。或许你会以为事情就这样结束了。第二天，男孩的父母来到学校，指责约翰对他们的孩子进行了人身攻击，以粗暴的方式对待他们的孩子。他们并没有表扬约翰救了他们孩子的性命或保护了他们的孩子未受到严重的伤害，反而打算起诉学校，还要结束这位可敬教师的教学生涯。这件事发生在某个周四，当时并未得到解决。因此约翰用了整个周末的时间仔细、反复地思考这件事情。他由此陷入了一个恶性循环。他始终觉得即使自己当时的行为是合理的，但他还是会因此有可能丢掉自己从事了十九年的教学工作。最后，认知常识占了上风，一切都解决了，但约翰却经历了好几个不眠之夜。

对工作忧虑的思考是如何发展到失控状态的

如前所述，当我们陷入困境并开始反复思考同一个问题时，这个问题在我们的头脑中会反复出现，我们使用心理学中的"反刍"一词来描述以上的思维过程。我们反复思考，就会被某个问题纠缠住，无法把它从头脑中抹去。对于一些人来说，这就像一张被卡在同一个声道上的CD，一遍又一遍地播放着。同样，那些陷入反刍沉思的人也可能在他们的头脑中一遍又一遍地重复同样的想法。他们变得日益沮丧和情绪化，由此引起更多的反刍性沉思，在脑海中形成一种消极思考的恶性循环。对工作问题钻牛角尖的人心里放不下他们的工作以及与工作相关的问题，无法自拔。我们还知道，易于反复思考工作问题的人体会到压力感和疲劳感的可能性更大。

在某种程度上，反刍沉思是一个正常的过程。对问题进行思考对我们很有益，尤其当我们通过反刍沉思得出了一个解决问题的好方案时，更能体会到反刍沉思带给我们的好处。如果我们做错了事，或在工作场所言语不当，我们会为此感到苦恼。此时短暂的反刍沉思会减少我们再次犯错的可能性。只有当我们过多地进行反刍性沉思而且无法从中解脱出来时，它才会成为我们应该注意的问题。

关于工作问题的反刍思想可以由我所说的隐性触发机制所引发。隐性触发机制这个术语借用于美籍塞尔维亚人——伟大的发明家和工程师尼古拉·特斯拉。隐性触发机制一旦被触发，在理想条件下可以产生大量的能量，引起彻底的破坏和毁灭。特斯拉观察到，一个小雪球，一旦从山上滚落下来，便会越滚越大，越滚越重，最终造成雪崩，将其下滑路上的植被、岩石、树木和其他东西尽数卷走。同样，一个看似无关紧要的想法，或是在正常谈话中被提及的事物，甚至是表面看来毫无关联的东西，都可能引发我们对原本并不想思考的工作问题进行反刍性沉思。反刍性沉思可在无意间被触发，有可能在我们根本意想不到的时候影响我们。我们可能正在看电视，突然节目中的某件事会使我们想起一些工作上的负面事件。如果不立即制止，反刍性沉思一旦开始便会愈演愈烈，一发不可收拾。长期陷入反刍性沉思可引发焦虑和抑郁，当这种情况发生时，一些人便需要寻求专业帮助。随着时间的推移，反刍性沉思会失去它的情感内涵，如积雪般融化，但已经造成了损害。这就是为什么我们要在问题发展到失控程度之前要及早对其进行处理的原因。

预测是最糟糕的事情！

尝试预测问题并采取措施防止将来出现错误是很件好事。然而，大多数爱操心和爱钻牛角尖的人在预测未来问题方面易走向极端。他们为一个假想的未来而担心，而且在大多数情况下，事情并非他们所预想的那样。老板安排周一早上的第一件事就是和你见面，你可能对此充满恐惧。整个周末你都会一直想着这次见面："我会被解雇吗？""难道是她知道了我那天在走廊里议论她的话了吗？"你会在脑海里像放电影一样把与她见面时所有可能出现的情景一遍又一遍地重复想象着，不久你就会自己把自己解雇了。然后你会想，"我将如何支付抵押贷款？""没有工作，我该怎么办？""以我现在的年龄，我再也找不到另一份同级别的工作了。"你的这些想法逐步发展到失控状态，影响到你的睡眠，使你在周一早上感到身心疲惫。

此时并非是与老板见面的好时机，尤其是当你的防御能力减弱时。很多时候当这种情况出现时，预期结果往往不会比最终结果好。例如，你去见了老板，令你安慰的是，老板对你在工作上所取得的成绩表示祝贺，并邀请你加入她正在承担的一个项目。这种情景完全不同于你的预测，并没有发生整个周末你都在担心的事情，令你感到些许气恼。虽然这只是一个假设的情况，但多年来人们给我讲述了很多类似的情况，他们都惯于在闲暇时间没完没了地想着工作上的事情，难以摆脱工作压力，无法放松身心。

反刍沉思如果不加以制止的话，有可能使我们陷入假想未来情境之中。有些人把这称为反事实思维。反事实思维的字面意思是"违背事实"，也可以指未来可能发生的情况或事件；这样的思维也是对可能会发生但却没发生的事情进行的思考。在大多数情况下，这些假设的未来很少实现。我们都知道，准确地预测未来是不可能的。本质上，反事实思维需要我们设想出可能出现的两种或更多种情况，这些情况最终也许成为现实，也许没有成为现实。当我们进行反复思考时，会经常在心中对这些情况进行测验，因为我们认为这样做可以减少情绪压力。

想法只是想法

问题是，我们如何才能停止没完没了地思索工作问题呢？从本质上讲，这就是这本书要讲的全部内容。本书的每个章节都提出不同的方法，帮助读者停止没完没了地思索工作问题。读者采用这些方法后，将更加自然地从工作中解脱出来，放松身心。然而，本章提出了放下工作的一种正确认知视角。如上所述，遗憾的是，根本没有可操作的开关来阻止我们对工作问题的思考；但我们能够做到的最重要的事是，让你的头脑不再钻牛角尖，使困扰你的想法渐渐消失，不再出现在大脑中。整个过程就像你在调低一首响亮乐曲的音量一样，需要循序渐进，仅仅使喊话的声音超过乐曲的音量无济于事。要不断告诫自己，想法只是想法，而你远远强于自己的想法。你可以控制自己的想法，就像你可以控制自己生活的其他方面一样。如果你有了一个与工作相关的反刍性想法的话，与之相关的想法和情感便会控制住你。因此，我们应该承认那种想法的存在，但不要去关注它，它慢慢就会消失。以下是一些你可以遵循的重要原则：

提示1：将你的思考内容从"为什么"改变为"如何做"

认知疗法的一个重要原则是想法只是想法。想法不能伤害我们，除非我们将其付诸实践。我们不能改变过去发生的事情，也无法完全预测未来会发生什么。造成痛苦的原因是与想法有关的情绪。在反思方面，心理学家区分两类想法：思考"为什么"和思考"如何做"。思考"为什么"是我们对于令人不快的事件做出的意见反映。例如，"为什么消极的事情总是发生在我身上？"当事情进展不顺利时，思考"为什么"是人的一种正常反应。对于过去的失败、损失或不公正的对待感到悲哀是人的本性。有时形成这些想法对我们有利，但从长远来看，这种思维方式对我们并无益处，还可能会产生进一步的消极思想。但另一方面，思考"如何做"却被视为对我们更有益处的想法。例如，"我怎么才能摆脱困境？"当你意识到自己一直在问"为什么？为什么？为什么？"时，便需要将你的思考内容从"为什么"改为"如何做"。例如，不能反复问自己这样的问题："我为什么这么笨？""为什么消极的事情总是发生在我身上？"而是应该问自己："我如何才能改善这种状况？我怎样才能阻止它再次发生？"

提示2：留意自己进行反刍性沉思的时间和地点

有些人发现，某些情况或某些人会使得他们产生对工作进行消极反思的想法，因此我们需要留意并察觉究竟是什么触发了这种想法。会是工作中的某个人吗？如果是，尽量在一段时间内避免和他们见面。这种做法会起些作用，但不会无限期地有效帮你彻底摆脱造成压力的根源。重要的是，这种方法不能过度使用。不要痴迷于找出你反复思考工作的次数；只需留意你进行反复思考的时间和地点。如果你发现不停地反复思考是由某个地点，某个时间或某个特定的人所触发时，可以采取措施避免其发生。明智、积极地对待你的思考方式，仅需对自己说"是的，我又回来了""我知道会发展成什么样子"，然后采取行动分散自己的注意力。这样做，你会觉得能够更好地掌控自己，并且在被自己的想法纠缠住之前更容易地采取行动。

提示 3：参与可促进积极思想的活动

学会从不停地反复思考的过程中抽出身来（参见第 10 章、第 11 章和第 12 章），做一些你喜欢做的事情。正如在《查理和大型玻璃升降机》中罗尔德·达尔所说的那样，"明智的人会重视偶尔说错的话、办错的事。"这是在任何时代对任何年龄都适用的一个非常明智的忠告。

提示 4：接受并客观地看待现状

你必须接受正在发生的事情，客观地看待问题。不妨想象一下你正在和一位与你有着类似经历的朋友交谈，在这种情况下，你会对朋友说些什么呢？你会对他们说，这尽管听起来不如人意，但真的没有他们想象的那么糟糕吗？如果还有更重要的事情需要担心，真的有必要担心眼前这样的事情吗？这样做的目的是要帮你客观地看待当时的情况，摆脱与其相关联的情绪和感情。在某些情况下，这样做很容易；但在其他情况下则未必。尽管如此，只要我们不断实践，就会对这种做法驾轻就熟，并会发现实际上你自己正在向他人提出建议。

提示 5：明确认识"不得不""必须""想"或"愿意"之间的区别

有时人们会对自己和他人抱有不切实际的期望："我必须拥

有这个"（取得成功，做一个好人），"她必须为我做这件事情"（否则她就不是我的朋友）。你认为如果自己在某件事上失败了，你作为一个人就失败了。这样的想法和信念强加给你的是不合乎逻辑或缺乏理性的死板要求，使你没有其他选择余地。例如，"我必须每晚睡8个小时（否则我将无法正常工作）""我不得不取得成功（否则我将会成为一个一无是处的废人）""我一定不能失败（否则，我就会成为失败者）"。不是每个人都能成为最优秀的人，所以你应该考虑采取其他思考方式。在工作中遇到问题，或者事情没有按计划进行，这并不意味着你将来一定不会成功。呆板、僵化的思维肯定会使你遇事爱钻牛角尖，难以释怀。生活中有梦想和目标固然好，但有时我们需要更加灵活，及时改变我们的思维方式。所以，下次你发现自己说"我必须拥有这个"的时候，要改成"我想或者我愿意拥有这个"。例如，"我想/愿意每晚睡8个小时，我想在下周完成这项工作。"

提示6：不要过于看重任何事情

当今，许多专业团体和学术协会强调自我反省的必要性。我们被告知需要对工作的各个方面进行反思。完成一个项目时，应该写下该项目的优势与不足，然后找出原因，以防止其负面影响，增强其积极效应。这类分析似乎有道理，但我担心它已引起了越来越多的焦虑不安、愤世嫉俗和萎靡不振的现象。有时事情未按计划进行，其中的原因往往超出我们所能控制的范围。让我们想象一位讲师正在讲授自己最喜欢的课，大多数情况下，学生对她讲课的满意度都会很高。但有一天，她发现她的课并未取得良好的效果，学生对满意度测评的打分很不理想。改进的过程中，她自然默认的方法是进行自我反省。但由于自我反省过度，她得出了错误的结论。她为满意度得分低找出的理由是她自己做得不好，自己是位不合格的讲师。由于没有发现自己讲的课有任何需要做出明显改动的地方，她开始对本不需要改动的地方进行了修改。结果，她在教学中表现得更加紧张，对自己的教学表示担忧，进而影响了自己的教学效果，导致她变得愈发焦虑和沮丧。事实上，她不应该对自己的教学进行过多的自我反省。她本可以在了解到下一批学生是否会给出类似的低满意度得分或是请自己的某位同事来听一听自己的讲课效果，观察自己的表现之后再做出判断。而事实是，只有这一组特定学生对她的课堂教学反应较差。

约翰

　　约翰是一位63岁的物理教师，有二十七年的教学经验，再过两年就达到了退休年龄。他已在同一所学校工作了二十五年。他喜欢教学，并自认为是一位敬业的教师。多年来，每年都会有一、两名他教的学生被牛津大学或剑桥大学录取。总的来说，他受到学生的尊重。学校实行同行评估制度，每位教师都有年度课堂测评任务。约翰对此并不担心，因为他通常都能够得到良好的评价。然而，在近期的一次评估中，约翰的课堂教学被评为不合格。他认为负责对他进行年度课堂测评的人对他的评价有失偏颇，他的领导也过于严苛。他还对观察过程的有效性产生了质疑，因为他认为观察过程没有充分反映出课堂教学的真实情况。更糟糕的是，负责对他进行课堂测评的教师也只有六年的教龄。

约翰主动接受了对他的评估，并得出结论：也许负责测评他的教师得出的结果是对的，他真的不善于教学。这种想法强烈地动摇了他的信心，因为他过去一直认为自己对学校教学兢兢业业。从此，他过分看重每一节课，努力遵循规范的教学计划。不出所料，他发现自己的课堂教学变得越来越枯燥乏味，而他本人也变得非常焦虑。他开始不停地思考着自己的教学行为和教学表现，这成为他根本无法摆脱的心理负担。

在某种程度上，他的行为其实是相当正常的，因为每个人都会反复思考，放心不下自己遇到的问题，有时这种做法很有用，因为它可以激励我们做出改变，并最终找到解决方案；然而，这种做法一旦控制不当变得过度就会产生极大的负面影响。你会问自己，"从事了这么多年的教学工作，我的教学水平怎么会变成这样？"而不是问自己这样的问题，"怎样才能提高自己的教学水平""如何才能取得更好的成绩？"事实上，在过度反思的过程中，约翰从一个真正称职的、有敬业精神的教师变成了一个十分紧张、易疲劳的人。因此，他得到的教学反馈越来越差，由此使他自己陷入了过度反思的恶性循环当中，最终被诊断为患有临床抑郁症。

提示7：将注意力集中在你可以控制的事情上

大多数人喜欢控制自己的生活，有些人比其他人有更强的控制欲。如果你是一个喜欢控制一切的人，你需要改变自己的思维方式，偶尔试着放手。你永远无法完全控制你的工作和家庭环境，这样做既不可能，也不利于健康。你需要在自己的生活中培养更大的灵活性，学会偶尔放手接受现实，随波逐流！

第9章　试试用笔头发泄压力

最好的出路永远都是勇往直前。

——罗伯特·弗罗斯特

在本章，我要介绍一个简单但非常有效的写作练习，它已在无数的研究中被证实可以改善那些经历过压力或某种创伤的人的身心健康水平。如果你在工作中经历过一些不愉快的事情，或者在情绪上正受到工作中已经发生或正在发生的某些事情的影响，你的头脑一直在不停地反复思考如何处理这个或这些问题，那么请尝试一下本章提出的解放方法。这一解放方法的基本理念是发泄和释放与特定不愉快事件或经历相关的情绪。请以开放的心态进行练习，并完全按照下列指示行事。你可能和一些第一次接触这个方法的人一样，发现这种练习有点奇怪。请相信我，我们已借助这种练习取得了很多惊人的效果。我必须承认，我和有些同事第一次运用这个解放方法时也是对它充满疑虑，不过我们在看到一些可观的效果后，完全转变了自己的观点。

发泄自己的情感

本章描述的通过写作来表达情感的方法现在已经发展成为一个标准程序。这个程序要求连续三天围绕有关情绪或压力的话题进行写作，每天写 20 分钟。虽然听起来很简单，但这基本上就是这种方法的一切精髓所在。这种方法已取得了一些可观的研究效果。表达性的写作已被证明对一系列健康问题可以产生有益的影响，包括减少焦虑和抑郁症状，降低血压，减少创伤后应激障碍的影响，增加免疫功能。此外，它也被证明在阻止人们反复思考工作问题方面效果显著，这就是我将其写到本书中的原因。事先要注意的是：你可能不会体验到立竿见影的效果。尽管很多人发现这种练习本身就有益于健康，但是你会在一个月内看到这种练习给你带来的各种变化，并且这些变化将会持续下去。

练习

选出三天连续的时间，每天晚上都要腾出 20 分钟安静度过，无人打扰，关闭手机和电脑，保证自己不会分心。

第一天

在第一天，我想让你写大约 20 分钟关于工作的最深刻的想法和感受。可以写继续使你感到困扰的一个充满压力的工作状况，也可以写你觉得难以谈论并会让你感到不安但仍会继续思考的问题，这应该是一段你尚未向别人过多透露过的经历。开始写作练习的时候，我希望你能够在写作中敞开心扉，写出自己的真实感受。你可以思考这段经历如何影响你的过去和现在，又会对你的未来造成怎样的影响。写完后可把你的手稿放入一个信封，在以后或当即将其撕毁。

第二天

在第二天，可以写与前一天相同的主题，也可以写一个新的主题，我希望你按照前一天晚上的做法去写。该主题需要与工作中的问题相关，在写作时要做到真正的释然，努力探究与事件相关的想法和感受。20 分钟后停止写作，把纸放在信封里，如上所述。

第三天

在第三天，遵循与第一天和第二天相同的指示。同样，你可以写与前一天相同的主题，也可以写一个新的主题，只要它是一件烦扰你的有关工作的事情即可。和以前一样，在写作过程中做到真正敞开心扉。20 分钟后，将纸放入信封中，如上所述。

事后人们说了些什么？

你所要做的就是这些。我在前面说过，可能会也可能不会得到立竿见影的效果，不过有些人确实发现将一件令人烦心的事写出来对身心健康有益。以下是与我们一起完成上述写作练习的人陈述的实际反馈效果：

我觉得这个练习很有趣。我意识到我写的内容比我预期的要深刻得多，我发现自己开始以新的方式展开反思，还同从前的做法做了比较。

开始做这个练习时，我在工作上也恰巧处于相当艰难的时期，很多情绪已经暴露出来，做这项练习也确实帮我有效处理了一些情绪。例如，今天（进行练习的第三天）辛苦干完一天的工作后，我回到家，因为紧张头痛了一整天。但在这20分钟的写作中我的头痛症状减轻了，确实让我感到更加平静和自信了。

在三天内写一些相似或相关的事情，并同自己以前的想法联系起来是件非常有趣的事情，第二天和第三天的写作也能帮助我对第一天所写的内容进行思考。

我发现需要进行写作这件事给我带来的压力几乎同思考工作一样，让我充满紧张感。它就像必须完成的家庭作业一样，悬在我的头上！话虽如此，一旦坐下来开始写作竟然感到惊人的容易，20分钟很快就会过去。在我看来，写一写工作上的事情就像在一天的工作结束时和同事们一起卸压一样。这是一个好机会，说一说一直困扰你的那些事情，可以发泄你的不满情绪。一旦你这样做了，你就会感觉好多了。事实上，就工作问题进行写作就是一剂可以帮助你宣泄不满情绪的"泻药"！

事实上，我很喜欢写作。几年前我每天都写日记，发现这样做是最能让人放松精神的。"

写作在帮助人们宣泄情绪方面发挥了什么作用？

我们不能完全理解这样做为何有效，如何有效。该方法最初是在同遭受心理创伤的患者进行治疗合作的过程中由美国心理学家詹姆士·佩尼贝克提出的。人们认为，将自己的心事写出来有助于患者宣泄情绪，净化情感。也有人说，这种借发泄情感的方法所起的作用与心理咨询有异曲同工的效果。长期以来，在应对消极情绪方面，人们一直采用讲述自己的情感问题或烦心事的方式。正所谓"有人倾诉，难题减半"。在研究中我们确实发现，通过写作的方式宣泄情感的最大受益者通常都会在写作中使用更多的情感词汇，由此支持了"宣泄"假说。表达性的写作能够帮助人们发泄情绪的另一个原因，可能是这种写作方式允许人们透露令他们苦恼的工作上的事情，而不用担心别人的猜忌、嘲笑和评价。也有可能是因为这种写作方式能够帮助人们对某件事进行连贯的叙述，使之得到更加有效的处理与记忆。

然而，这并不能完全解释表达性写作是如何具有上述功效的。研究还表明，通过反复口述那些令人充满压力的经历会形成一种习惯，由此关于事件的记忆便成了我们长期记忆的一部分。有时在心理治疗期间，患者可能会因为担心别人的评价，或是因为对自己的过去感到羞愧而隐瞒一些信息，抑制自己的情感。但是若将这些经历写出来，人们就不会有那么多的顾虑，从而更能如实地表达他们的感情和情绪。还有人表示，表达性写作能够帮助我们以一种积极的方式重新构建我们的想法。尽管如此，这些说法似乎还是没有完全讲清楚为什么上述写作有助于人们宣泄情绪，以及是如何起作用的。原因很简单，那是因为我们根本不知道它的工作原理，在某种意义上，它的工作原理对我们来说根本无关紧要，正如我们在驾驶汽车时也没有充分了解汽车行驶所涉及的机械过程。尽管如此，我们从那些使用过这个练习形式并感觉从中受益匪浅的人士那里得到了许多赞扬和感谢。

第10章 分散注意力，填补生活空白

只能从另一种劳动中得到放松，这是人的天性。

——阿纳托尔·法朗士

请先考虑以下生活情景。现在是周末，所有迫切的家务都已做完。在忙碌地工作了一周的时间里，你根本没有为周末制定任何真正的计划。一直以来你都期待能在周末睡个懒觉，然后轻轻松松地度过余下的时间。你想放松，那么就让我们正视这种需求吧，因为你有权放松自己。

你醒来了，可能早于预定的时间，悠闲地吃着早餐，到目前为止一切还算顺利。早餐后，你可以打开电视或读报纸，了解最新的新闻资讯。起初，你会在你看到的几个有趣的报道或电视节目上消磨时间，然后你开始变得有点烦躁不安，注意力开始走神。当这种情况发生时，你的心思将不可避免地又转到了你最近关注的问题。如果你一直在做一个项目，与此项目相关的一些想法总是会浮现在你的脑海里。尤其当你对这个项目真的很感兴趣或是你一直在等待别人给你发送完成该项目所需的信息时，情况尤为如此。在没有为周末制定具体计划的时候，我们通常也会有这样的行为。因为无事可做，我们的心思又回到工作上。然后，你可能开始做一些与工作相关的事情来打发时间，比如查看电子邮件。我只是以邮件为例，它可以是与工作有关的任何活动。一旦看到邮件，通常会有两种处理方式。一是开始阅读邮件，打开附件，时间会持续一个小时左右，就好像你一直在工作一样。二是快速浏览邮件，不做任何处理就关闭电脑离开。但与此同时，邮件的内容可能正呈现在你的大脑中，并会在整个周末都支配你的思想。在我看来，这个周末的上午就被荒废了。成功的人都知道，他们的时间是一种宝贵的商品。一旦流逝，便永不复返。在周末查看电子邮件是一种非常低效的工作方式。

在本章和下一章中，我们将讨论为何有必要在自己的空闲时间内努力开展活动，使我们将注意力从与工作相关的想法中摆脱出来，以填补生活空虚，即我们在不工作时留下的空间。有些方法可能比其他方法更适合你，但所有的方法都离不开一定程度的实践，你需要找到适合你的活动，因为大脑会以许多不同的方式分散注意力。

没有方向，思想便会开小差

我们经常忽略对时间的利用。时间的概念一直伴随着我们，我们常常忽略了它的重要性。我们都觉得自己很会利用时间，但我认为我们只是在自欺欺人。那些完成更多工作的人往往只是更好地利用了自己的时间。在后面的章节中，我将讨论充分利用工作日及全力以赴工作的重要性。本章主要探讨如何规划你的闲暇时间，在不工作的时候你会做些什么。这样做似乎不同于大家的认知，但是在不工作时停止思考工作问题的一种有效方法是有其他事可做。整天无所事事，只是在房子周围闲逛，并不会真正有助于你放松身心。实际上，除非你真的感到身体疲劳，否则在房子周围闲逛，或是躺着看电视会使我们感觉更累。从周五晚上5：30到周一早上9：00，我们有63.5个小时的"潜在"休闲时间。但是，假设你需要睡24个小时（除非你睡懒觉），将留下39.5个小时的闲暇时间，这其中还要留出一部分时间为周一上午的工作而穿衣打扮。因此，不要让闲暇时间被侵占：计划好你的周末，填补空虚，别让你的思想再开小差。

分散你的注意力，否则它会自己乱窜

我们都需要不时地分散注意力，我们的大脑是很神奇的。人类大脑的重量在1300～1400克之间（2.87～3.1磅）。我们的大脑由大约850亿个神经元（通过电信号和化学信号传递信息的细胞）组成，但没有人知道确切的数字。神经元通过突触连接在一起，所以差不多有几十亿个连接处。正是这些连接使我们产生了思想意识，拥有了思想观念。尽管成千上万的心理学家和神经心理学家对人脑的运作机制进行研究,我们仍不知道思维的工作原理。但是我们知道,人脑是人类所知道的最精巧高效的计算机。工作状态良好时,我们的大脑可以相对轻松地进行上百万次的计算。在我们的大脑中,我们的思维创造出了辉煌的艺术、音乐、雕塑和文学作品。人脑显然是一个神奇的器官,能够完成许多伟大的创造。

然而,如同在生活中一样,大脑工作也需要协调平衡。我们也知道我们的大脑很少闲着,也非常需要不断给予刺激。潜意识里仍有许多心理活动,如果没有受到外界环境的刺激,我们的大脑就会开始走神、开小差。它就像一艘需要领航员的船只,没有领航员,它就会随意漂移。即使在我们睡觉的时候,也就是在我们最放松的时候,我们的大脑仍然渴望刺激,这可能就是我们做梦的原因。我认为,梦就是被我们的大脑用来填补空白的。然而,在醒着的时候,我们需要控制或分散我们的大脑注意力。在工作中我们可以通过随时随地关注我们正在做的事情轻松地做到这一点。但在我们不工作的时候,尤其在没有什么吸引人、让人兴奋、激发积极性的事物吸引我们的注意力时,我们的心思就会任意乱窜。正如从经验中了解到的那样,它会毫不例外地跳转到与工作相关的问题上。因此,在不工作的时候,找到能让我们分心的事情非常重要。

孩子可以让你在思想上放下工作

分散注意力可以采取多种形式，有时很难分清究竟哪种活动分散注意力的效果最好。几年前，我参与了一项相关研究。在这项研究中，令我们感兴趣的是家庭角色对健康的影响，特别是对血压的影响。我们为每个人都配备了一个动态血压监测仪，用来测量人们在进行日常事务时的血压和心率。在这项研究中，我们将研究对象分为三组：第一组是单身人士，没有孩子；第二组为已有伴侣的人士，也没有孩子；第三组是已婚或与伴侣同居的人士，家中至少已有一个孩子。我们预计单身人士在晚上的血压降低值最大，但事实并非如此。据我们观察，已为人父母者的血压降低值最大。我们观察到的结果与性别无关，与测量期间各组调查对象在面对工作压力的主观感受、体力活动和所在位置等方面的变化也无关。因此，正如血压降低值显示的那样，对孩子进行必要的照顾看起来对人们身心恢复有很大的促进作用。这表明，对家庭问题的关注可以分散人们惦记工作、思考工作的注意力。

在上述研究中，我们并没有真正评估人们是否在思考工作，但在最近我们完成的另一项研究中，我们要求人们完成一项关于他们如何摆脱工作、放松身心的在线调查。我们没有测量血压或其他生理变量。有趣的是，此次研究的结果支持我们以前的研究结论。与那些没有孩子的人相比，有年幼孩子的父母摆脱工作放松身心的困难较少。此外，让我始料未及的是，他们患急性或慢性疲劳的比例少于没有孩子的受试者，生活更幸福、更快乐。

为什么家里有孩子会对恢复过程有益呢？第一个研究的调查对象是教师，但其实调查对象的职业并不重要。答案似乎是，晚上年幼的孩子分散了父母对工作问题的注意力。他们不得不做晚饭、坐下来与家人一起吃饭聊天等，这些都会让人们自动转移对工作的关注，帮助人们放松身心。因此，通过这些活动，家长们分散了对工作和工作相关活动的注意力，最终能够摆脱工作的困扰。相反，对于单身人士来说，没有什么可以打断他们思考工作问题的心思，所以下班后他们继续思考工作问题。关键是，除了在闲暇时间不工作外，我们还需设法找一些事做，来分散我们的注意力，或者反过来，我们需要控制自己的注意力，对工作问题不予考虑。

把注意力集中到别的事情上去，不去想自己的心事，这样就可以分散注意力。分散注意力的方法有很多种，例如，听音乐、做运动、阅读、看电影、与朋友交往，或观看有趣的电视节目。心理学家对主动分散注意力和被动分散注意力的行为进行了区分。前一类行为可以是开展一项运动，与孩子互动，攀岩，或跳舞，而后一类行为可能是看电视。研究发现，涉及心理参与的积极活动（即关注某些活动）比起被动的活动更能分散注意力，这不足为奇。不过这种区分并不是绝对的，因为一些电视节目可能比其他活动更有吸引力。

在闲暇时间切勿太过悠闲

　　分散注意力的方法之一是为我们的闲暇时光制定计划,让我们的闲暇时间变得井井有条。制定的计划也填补了因为不工作或不去思考工作而留下的空白。然而,为了做到这一点,我们需要明智利用自己的周末时间。一个周末实际上只有两天,不包括周五晚上。如果不制定计划,而是虚度周末时光,你就会在周末结束时发现自己在周末期间一无所获。但如果你真的感觉疲惫,需要休息,过一个懒散的周末也无可厚非,只是不要无所事事。如果你仍在虚度周末时光,漫不经心地坐在那里看电视,频繁更换频道寻找有趣或刺激的节目,你多半可能什么也找不到,只能观看一些胡说八道的陈旧节目,尽管你自以为这样的电视节目很有趣。如果你整个周末无所事事,自己就会变得昏昏欲睡,无精打采。在周一出发上班前,你需要一些时间调整自己的精神状况。劳拉·万德坎姆在她的文章《成功人士在周末做什么》中提到,有时人们度过一个慵懒的周日后,会在当天晚上更难入睡,还会在即将到来的周一上午感觉没有恢复过来。

　　"在竞争激烈的世界中,取得成功需要自己做到精力充沛地在周一进行打拼,并随时待命。这样做的唯一方法是度过一个能够让你振作而不是使你疲惫或让你失望的周末。"

既要制定工作计划，也需制定周末计划

什么时候开始规划你的周末并不重要，但我建议你不要等到最后一刻才这样做。你可以在一周中的某个工作日规划自己的周末，最好利用本周末的几分钟时间为下一个周末制定计划。不要痴迷于为周末制定过于详细的计划，建议你安排一些缓冲时间，因为感受快乐、享受周末才是最重要的。

不要等待理想的机会。我记得丘吉尔谈论过逃生舱理论。当人们不想做任何事，又不想受到责备时，总会给自己找一个"逃生舱"式的借口："我今天不能打理花园，因为就要下雨了""我很想读一本书，只是我没有时间。"不要只是想想而已，要付诸行动并提前制定计划。但是没有任何一个计划能够百分之百地被付诸实施，所以还需留出一些富裕的时间。

我们不自觉地将周末视为工作之外的时间。有趣的是，如果你要求人们评价他们对职业的专注程度，他们会根据一周内工作的天数给出不同的评价。研究表明，在每周刚开始的时候，人们对工作的专注程度较高，在周末的时候专注度较低。更重要的是，他们是下意识地这样做的。这表明，人们在周末前逐渐减少对工作的关注，已经开始为自己的身心放松做准备了。

今天许多人认为，工作以外的事情在工作业绩方面同样重要，因为所有的计划、技能开发等等都是在工作中完成的。在工

作之外享有充实而有意义的生活的人，在他们的职业生涯中也常常是工作效率高，业绩出色的成功人士。在不工作时仍过着枯燥乏味生活的人，也就是那些选择在电视机前虚度光阴的人，似乎在工作中也是一样的无所事事，缺乏热情。我觉得这并不奇怪，毕竟，这只是同一个人表现出来的相同人格特质而已。一个在工作上认真负责、意志坚定的人，在生活的其他方面也会一样尽职尽责。为了恢复和充电进行放松、无所事事是完全可以接受的。然而，如果你自己确实发现思想在走神，就需要找一些事情做。如果你发现自己不想在家里或花园里找事做，不妨去散散步。如果可能的话，关掉电话，或者最好把它留在家里，特别是当你认为自己可能会想查看工作电话或电子邮件的时候更应如此。有些人现在有两个电话，一个用于公务联系，另一个用于与家庭和朋友联系。不要对自己太苛刻。如果你开始思考工作中的问题，那也没什么；我在前面一章说过，有时这有助于我们培养自己的创新能力。如第 5 章所述，在工作以外的时间里思考工作问题并不总是有害的，以轻松、超然的方式思考工作问题，有助于我们扩大视野，从大局思考问题。周末是我们进行反思和自我充电的理想时间。

分散注意力的活动未必是体力活动

思考和关注与工作有关的问题可能会受到计划内和计划外的

事情干扰而中断。如上所述，我们分散自身注意力的方法有很多，但分散注意力的最好办法就是吸引并保持我们的注意力。

大多数情况下，我们不可能把所有的非工作时间都花在促进身心恢复的活动上。但在闲暇时，在一些"积极的"分散注意力的活动中做出预算是很重要的。人们可以参加各种各样的活动放松身心并摆脱与工作有关的想法。具体的活动形式并不重要，重要的是这种活动能否充分将你的注意力从工作上移开，恢复你的身心健康。这样做的关键是找到能够真正吸引你，最好也是你真正喜欢的事情，让自己忘却工作，放松情绪。对于一些人来说，这种事情可能是在喝咖啡或葡萄酒的时候玩填字游戏；对于其他人来说，则可能是烘烤、交际舞、酒吧竞猜游戏或是驾车出游。在参加活动的过程中，我们会一心想着自己在那个特定时刻正在做的事情。所参加的活动已成为你优先考虑的事情，犹如另一种形式的思考。如果你全神贯注于一项活动，你会发现时间过得很快。你会好奇时间都去哪了？

分散注意力就是将你的注意力集中在别的事情上，不再去想自己的心事和亚健康症状。方法有很多种，但有时你可能会发现置身在一个自己喜欢的活动中也无法吸引你。在这种情况下，可以使用想象的方法。但无论在哪种情况下，你都需要在自己的症状开始缓解之前将注意力集中至少3分钟的时间。以下是一些比较常用的分散注意力的方法。

你可以尝试在你的头脑中想象一个能够让你感到平静和快乐

的愉快场景，或将注意力集中在一个物体上，如一朵花，或者你最喜欢的汽车。真正专注于它，把它带到你的心里。要有一个"搭桥"的对象，如在你开心的时候照的照片或买的纪念品。当你看着它的时候，有助于触发积极的情绪并减少焦虑。试着用心思考一道谜题或算术题，或计算你回家路上看到的红色门的数量，想象你看到的人的谋生方式，这些都有助于降低你的焦虑感。

丰富周末生活

以下是最后一个有助于你充分利用周末、停止思考工作的提示。在《成功人士在周末做什么》一文中，劳拉·万德坎姆高度肯定了为周日晚上安排有趣或有意义的事情所能带来的益处，这样做可以丰富周末生活，使思想不至于走神溜号。我认为这是非常好的建议，也是我多年来一直倡导的理念。在周日晚上出去喝杯酒、吃顿饭，或者去剧院、电影院都很有意义（只要别太晚出去）。周日晚上的环境似乎非常舒适，大多数地方都会比周五或周六晚上更安静。在周日晚上外出就餐是很棒的，因为大多数餐馆都比较清静，所以你永远不会觉得匆忙，也不必为烹饪周日的晚餐而担心。在外面就餐时，你的注意力将集中在当下，关注与你一起就餐的人和就餐环境，而不是思考下周一上午你必须完成的所有工作。因此，为什么不丰富一下周末生活，享受与家人和朋友一起外出的周日夜晚呢?

　　我认为你也会这样想,在一周的工作结束后,我们大多数人都期待周末。周末为我们提供了停止工作、恢复身心状态的机会,帮助我们远离工作伙伴,使我们可以追求工作之外的兴趣,开展休闲活动。但是,不要让你的周末从你的指间轻易滑过,要填补生活空虚,分散你的注意力。各个领域里表现最好的人都知道,他们成功的秘诀是明智地利用时间,当然不仅包括有薪工作时间,也包括周末。具有促进恢复作用的完美周末需要规划。大多数人直到周五才会考虑周末活动的细节,很多人直到周六早上起床前才规划他们的周末活动。学习安排具有恢复作用的周末活动需要不同的思考方式。我们需要明智地利用周末时间来做自己想做的事。

第 11 章 培养减压的爱好

> 今天就是生活——你唯一可以确定的生活。充分利用好今天培养生活兴趣,唤醒自己,培养业余爱好。让热情洋溢的风吹过你的身躯,满怀热情地过好今天的生活。
>
> ——戴尔·卡耐基

在上一章中,我强调了填补空虚的重要性——找一些事情去做,防止你的思想走神溜号,更重要的是,阻止你浪费自己的闲暇时间。在本章中我将讨论培养爱好的重要性。找到一种你真正喜欢的消遣方式,是身心放松的极佳途径。

培养业余爱好,在工作中取得最佳成绩

如果你需要一个可以让你信服的培养兴趣的理由,请继续阅读。这听起来可能令人惊讶,芬兰拉普兰大学的萨图·乌西奥提和卡里纳·梅泰在一项有趣的研究中,证明了拥有爱好的重要性。乌西奥提和梅泰对 8 名绩效最佳的员工进行了访谈,其中一

位员工获得了"年度最佳员工"的奖项。正如人们所预料的那样，这些人的特点是努力工作，为成功而奋斗；他们积极对待生活，并主动在工作中建立友好的社交氛围。有趣的是，今年的年度最佳员工也谈到了拥有一个良好爱好的重要性。爱好被用作一种摆脱工作、放松身心的方式，可以平衡因努力工作造成的影响。有些爱好也会对工作产生影响。例如，研究中的一位绩效最佳的员工是一位牧师，他在业余时间喜欢读写小说和诗歌。对这个爱好的追求提高了他的幸福指数，因为它有助于引导他的思想暂时摆脱工作。这种爱好也间接地帮助了他的工作，因为它提高了他在日常工作中用得到的写作技能。因此，拥有爱好并不意味着你对追求自己的私利更感兴趣；爱好不仅是一种帮助放松的资源，而且可以成为影响你日常工作的积极因素。许多爱好都是如此，比如健身、阅读，甚至打高尔夫球。

我们都需要培养一种爱好

为什么爱好很重要？良好的爱好因其自身品质而被人们追求。只要人们在追求爱好的过程中享受过、快乐过，那么最终结局如何则并不重要。此外，追求爱好的体验本身就是一种收获——人们能从追求爱好中找到快乐。追求爱好的动机具有内在动力，不受任何外部力量的驱动。例如，一个人修复老式汽车并非为了赚钱。渔夫坐在运河河畔并非只是为了捕鱼，去超市买鱼更快捷更容易。一个良好的爱好因其自身品质而被人们追求。正如我们在第 5 章中所指出的那样，哲学家和心理学家使用"autotelic"（目的性）一词来描述这种过程。因此，一个良好的爱好可以让人陶醉其中，可以让我们沉浸其中而无法自拔。我们的意识不是无限的。如果我们充分关注一个爱好，就会很少顾及或根本无暇顾及工作上或家里的事情。因此，良好的爱好不仅会分散我们的注意力，同时也控制并需要我们的注意力。培养爱好的技巧关键在于要找到一种既能吸引我们的注意力，又不需要费脑筋的嗜好。

为什么不去建一堵墙，画一幅画呢？

众所周知，温斯顿·丘吉尔大部分时间都在他喜爱的乡间别墅——查特韦尔度过，他喜欢对它进行修复。他因建造围绕花园的围墙而备受关注。丘吉尔的另一个爱好是绘画。他在四十多岁以前没有真正地画过画，但在他个人或政治方面处于逆境的时候他就会拿起画笔作画。他发现绘画在分散注意力方面非常有效，引用他的一句话，"如果不是因为爱好绘画，我就无法活下去；我无法忍受各种事物的压力。"他共画了 570 多张画。据报道，曼彻斯特联队的前经理亚历克斯·弗格森爵士已经开始对打高尔夫球产生兴趣，他把这项爱好作为一种放松的方式，并借此逃离管理一支成功足球队给他带来的压力。

培养你的爱好

爱好是你在业余时间为了娱乐或放松而追求的一种活动。业余爱好就是为自己留出时间，那是你自己的时间。我们在生活中有太多需要投入时间和精力的事情，比如工作、购物、洗衣服，让孩子们做好上学准备等等。因此，能够做我们想做的事也是件很开心的事。这或许听起来很自私，在一定程度上也确实如此，但你需要记住，这是你的生活，不是我的生活，也不是你邻居的生活。我和很多在晚年才开始培养一种爱好的人交流过，多么希望他们能早一点开始培养自己的爱好。找到一个能让你充满激情的爱好很重要。爱好可以增加我们的知识，提高我们的幸福感，赋予我们的生活更多的意义。练习一种爱好能让我们有一种成就感，使我们感到更有控制力。爱好可以放松精神，是一种很好的减压方式。经常开展业余爱好活动的人不太可能感到压力，也不太可能受到焦虑、疲劳或抑郁的困扰。爱好对你来说是私人的，你练习它是因为你觉得它有趣，而不是因为别人认为你应该这样做。

我应该追求什么爱好？

我不能建议你应该追求哪种爱好，爱好必须是个人的选择。业余爱好可使人放松身心，因为它分散注意力，使人们专注于除你的工作以外的其他事情。像打羽毛球或踢足球这样的体育爱好都有助于放松精神，因为这样的运动需要你集中精力，关注在特殊时刻发生的每一件事。需要集中注意力的业余爱好会比不需集中注意力的爱好更能分散人的注意力。然而，你会发现，一旦你对某事感兴趣，比如做园艺，你就会全神贯注于这个活动中。选择一个需要进行心理参与的积极活动所取得的效果不一定很明显，因为诸如看电视这样表面上看起来很被动的活动也可以比其他活动更吸引人。但是，只要能够吸引我们，让我们乐此不疲，任何活动都能很好地分散我们的注意力。

培养一个兴趣

你可能认为你对任何事情都不感兴趣。大卫·施瓦兹在其杰作《大思想的神奇》中讨论了如何培养对几乎所有事物的兴趣和爱好的方法。基本的前提是，你需要掌握知识，成为该领域的一个业余专家。他称之为"深入挖掘"的技巧。利用这种技巧，你几乎可以培养对任何事情的爱好，你需要做的就是尽自己所能找出关于某一方面的全部知识。例如，你可能会决定种植一些蔬菜。许多人认为自己种植蔬菜更环保，而且家种食物更美味，更令人满意。第一年你清理出一块空地，种了土豆、莴苣等蔬菜。不久，你会去主动查看它们的长势是否良好，有没有遭到蛞蝓或蜗牛的侵害。你或许会开始和朋友或邻居谈论你种植的蔬菜，然后开始观看与种菜相关的电视节目。你可能会发现,圣诞礼物和生日礼物似乎体现了你的新兴趣,因为朋友送你的礼物开始将你与园艺联系在一起。不久,你就会意识到人们开始向你讨教。眨眼之间,你已成为人们眼中种植蔬菜方面的业余专家。因此,一旦我们开始做了某件事,我们天生的好奇心就会占了上风,帮助我们获得更多的相关知识。

人们可以追求的潜在有趣的活动数以千计。你只需要为自己选择一个。我可以向你保证,一旦你开始关注某件事,它就会变得有趣起来,你就会感受到做自己真正喜欢的事情带给你的益处。做一些让你觉得快乐的事。如果你的兴趣是绘画,那就开始画吧,随心所欲地尽情地画。即使别人批评你,也不要气馁。记住,你画画不是为了成为一位像伦布兰特那样成功的画家,也并非为了取悦你的朋友,而仅仅是因为你喜欢画画。

"我没有时间追求业余爱好"

每当我在研讨会上谈到这一点时,人们经常对我说,虽然他们也认为有些活动或爱好是下班后放松身心的好方法,但他们没有时间去追求业余爱好。这样的借口都让我的耳朵听出老茧来了——"我没有时间去追求爱好,我真是太忙了""我没有时间追求爱好,我真的太累了""我的孩子都还小,所以没有时间让我为自己做任何事情"。似乎他们对自己生活的任何方面都没有控制权,显然许多人的情况都是如此,我甚至听到有人说,他们要等到退休后再开始培养个人爱好。可为什么要等到退休呢?到那时你或许经济上没有现在富有,思维不如现在敏捷,也不太可能去学习了。那些拥有业余爱好的人似乎总是在寻找时间或者腾出时间去开展他们的爱好活动。根本不存在开展业余爱好活动的适当时间,你需要专门为其腾出时间,制定计划,对一周的时间进行合理安排。如果这样做有用,就请在你的日程表上安排好日期,与你的爱好"约会"吧。你追求一种真正喜欢的业余爱好时,会专门为它挤出时间,更好地安排自己的日程。这可能意味着在工作中你要按时完成某项任务,避免在夜间加班,让自己有时间更好地打理自己的家庭生活。你可能会注意到自己不再在电视机前花费那么多的时间了。因此,追求业余爱好可以让你的生活变得更加有条理。一旦你开始追求一个业余爱好,你就要为它安排好时间,你的家人和朋友也会很快对你开展业余爱好活动的时间表示认同、尊重。

我听到的另一个借口是,人们不去追求爱好是因为没伙伴陪他们。也许你对某个领域很陌生,或者因为工作太忙而失去了与朋友的联系,或者你的朋友只是不想尝试新的活动。在这种情况下,我建议你自己出去。我知道这听起来可能并不让人开心,但如果你要等到你朋友有空时再说,你就会永远等下去。有许多活动可以自己做,例如,去剧院或加入体育中心。如果你不知道在哪里可以培养新的爱好,可以尝试留意当地商店或免费报纸上的广告。当地的电台是另一个寻找娱乐活动的好资源，就像图书馆一样。也许你会路过一个从来没听说过的葡萄酒俱乐部或读书俱乐部，或是会发现一则关于学习演奏某种乐器的广告。在你当地的酒吧可能会有通宵打牌或游戏的活动，如果担心被别人看见自己独自参加活动，也可以去一个远一点的酒吧参加某种活动。当然，还可以参加学习许多种成人教育课程，其中大部分课程不仅可以让你学习新技能、扩展视野，还能帮助你结识新朋友。

有一个可追求的业余爱好可以让你摆脱日常生活，帮助你放松自己。一个好的业余爱好会让你每周都轻松度过，使你工作时更专心。你会感到轻松，思路清晰，疲劳感也会降低。许多爱好起初可能并不那么有趣，例如收集硬币。我不是一个硬币收藏名家，但我在伦敦等待出席会议期间，为了躲雨我走进了一家商店，偶然对硬币产生了兴趣。我那时对硬币一无所知，所以选择了当时展出的最便宜的一枚硬币，最终被证明是一枚罗马硬币。店主写下了此枚硬币的流通日期，我也对其进行了一番查探。结果发现，这枚硬币源于瓦伦提尼安王朝，可追溯到公元364年至392年间。公元364年，为了纪念于弗莱维厄斯·瓦伦斯被举荐接任国王奥古斯都皇位，造出了这枚硬币。瓦伦斯大部分时间都在与哥特人和波斯人作战。公元378年，他在阿德里安堡附近的一次惨烈战役中阵亡。从这次偶然的经历开始，我的收藏品中已经增加了另外25枚硬币，并会继续收藏下去。即使你追求的是一种孤独的爱好，也会很快遇到志同道合的人与你一起分享想法，共用工具等，其中一些甚至可能成为朋友。爱好也会赋予我们一种身份。你永远都不知道自己或许还有一个连自己都不知道的潜在天赋。

2/3 的小型企业以业余爱好起家

许多人把他们的爱好变成了成功的事业。其原因是为了经营一个成功的企业，你需要对自己生产或出售的东西充满热情。如果你的业务与销售有关，你需要真的喜欢销售。如果你有自己的汽车修理车间，你需要特别喜欢汽车。如果你喜欢珠宝，你的设计就应该反映出你对珠宝的热爱。显然，如果你真的热衷于产品或服务，当你和顾客或客户交谈时，你的这种热情是能够表现出来的。如果人们看到你为他们付出了额外的努力，他们更可能希望得到你的服务。你无法掩饰自己的热情。

最后一点：你可能认为拥有个人爱好在人生的这个阶段并不重要，因为你正全力以赴干你的事业，无暇顾及个人爱好。在某个层次上可能真是如此。但要记住，你不能永远工作。如果对你而言，工作就是生活，那么一旦被迫放下工作，你将有很大的空缺需要填补。个人爱好不仅有利于平衡本职工作，也是消磨闲暇时间的一个好方法——把注意力集中在工作以外的其他事情上——而且在你的职业生涯结束时，一个良好的爱好可以带给你惊人的回报！

第 12 章　把工作留在办公室里

> 我认为真正的成功意味着圆满地处理生活中多方面的平衡关系。如果你的家庭生活陷入混乱，你也不会在事业上取得真正的成功。
>
> ——齐格·金格拉

为了在闲暇时间能够成功地摆脱工作，首先要做的事就是停止工作，这不用多说。根据事实可知，在工作中你会一直思考工作问题，无法摆脱工作、放松身心。更重要的是，你也在拖延和减少用于放松身心的时间。的确，有些人一旦完成工作就很容易不再考虑工作问题，转而放松自己，但我们大多数人都需要经过一定的时间才能放松身心。这是因人而异的。有些人可能只需要几分钟，而其他人则需要 3~5 个小时才能放松自己，少数人根本就没有真正地忘掉工作。

在晚上放松身心需要的平均时间是 0.5~1.5 个小时

我并不是说在规定的工作时间以外不能进行工作。有些时候，我们都需要工作到深夜，甚至会为了完成任务通宵工作。这里讽刺的是，黄昏时分我正在写本章的内容！事实上，认为工作和家庭相互排斥，或者必须是相互排斥的不同方面的想法都是无稽之谈。如果在家的时候表现出了创造性强、成效高的状态，为什么不继续工作呢？这样做可以减少一些花在工作上的时间，或者取得在平时无法完成的成绩。我们也能从工作中得到足够的回报，工作本身就是快乐的源泉。然而，人们普遍认为，长时间的工作对健康和幸福而言都没有好处，事实上对我们的健康非常有害。如前所述，长时间工作会严重地损害健康。原因不仅仅是工作带给我们的压力或严苛的要求，也包括因缺乏锻炼、饮食不健康、睡眠不足所带来的间接影响。要知道，我们并非超人。

以迈克尔·艾斯纳为例。1984年，艾斯纳成为迪士尼的首席执行官。当时，迪士尼遇到了财政困难（说得委婉些），资金大量流失。艾斯纳在任期间对公司进行了改造，并主持了一项大胆的扩张计划。1984年，公司的市场价值为20亿美元，到了1997年已蓬勃发展到750亿美元。大多数人都认为这是个非凡的转变。迈克尔·艾斯纳是一位不知疲倦、极具竞争力的员工，经常长时间地投入工作，表面上看起来很健康。然而在1994年，他开始感到胳膊疼痛、胸部不适，被诊断患有心脏病，需要即刻进行心脏移植手术。在心脏病发作之前，艾斯纳工作的时间越来越长，难以入睡。通常情况下这对他没有任何影响。他还因为工作太忙而放弃了锻炼和健康的饮食习惯。在这里列举迈克尔·艾斯纳的事例主要就是想要说明，无论我们多么聪明、奋发向上、富有成就，我们都需要花些时间来放松和照顾自己。

不要把工作带回家

不要把工作带回家，就这么简单。下班时，就应停止工作。我举办过许多次研讨会，专门探讨如何应对压力，帮助人们摆脱工作、放松自己。我经常向与会者提出这样一个问题：你在闲暇时间工作吗？令我感到惊讶的是，总是有很高百分比的人工作的方式超越了自己的职责范围。有时人们并没有意识到他们可以选择不延长自己的工作时间。不妨将自己想象成为一位专业的运动员。你不能将所有的时间都用于训练：过度训练可导致表现不佳，动力不足，还会增加受伤的风险。同样，你不能指望有人在不进行充分休息调养的时候，仍然精神饱满、百分之百地投入到工作中。如果你一直在工作，就不会摆脱工作的束缚，放松自己。

2009年，我们公布了一项研究结果。在这项研究中，我们采访了一些中层管理人员。我们针对他们工作后无法放松自己的情况组织了一次问卷调查；并根据回复情况把他们选为采访对象。在对各组访问对象的研究中我们发现了一个有趣的现象，因工作而思虑过重者永远不会停止工作；我们认为，他们过度投身于他们的工作。过度投身于工作的人在正常工作以外的时间里都在工作，如果他们是个体经营者，那就会在几乎所有的时间里都忙于工作。在这项研究中，所有因工作而思虑过重者都述说了工作如何挤占了他们的生活，模糊了工作和家庭之间的界限。例如，个体建筑商杰瑞米被问到有多少个晚上工作到深夜的时说：

"……所有的时间，除非我在找房子（顺便说一句，这仍然是工作）——这件事本身就充满压力。我通常每周工作50个小时，或者可能高达55或60个小时。我不断地同时应付多个项目，组织人手承担不同的工作，或填写报价和发货单。"

这种做法似乎很高尚，但我们采访的所有人都抱怨说他们永远无法摆脱工作——他们只是屈服于自己的工作。几乎所有的人每周都工作55~65个小时。一些受访者也开始显示疲劳的早期迹象，并开始怀疑他们的这种工作方式还能保持多久。

这种为了工作而活着的生活信念与那些很少沉思默想的人为了活着而工作的生活方式形成了鲜明的对比。例如，很少沉思默想的彼得评论道：

"……即使我有很多事情要处理，但我只干到一天内工作的上限，是的，我要回家，我不在乎工作是否已经做完，我会走出办公室，直接回家，度过一个美好的周末后，再回来继续完成我回家前留下的工作……一切都很紧迫，但也并非十万火急。在某种程度上,我比较赞同这样的人生态度——根本不存在危及生命的紧急情况,因此……压力确实是存在的,当问题出现的时候,我还是可以处理的。"

简单的小步胜过巨大的飞跃

前面讲过,有时你需要一直工作到很晚,甚至整个晚上都在工作,如果任务紧迫,必须完成的话,你甚至会彻夜工作。然而,如果你自己一直在工作,而你却并不喜欢这个过程,你需要改变自己的工作模式。可用许多方法做到这一点。

首先,你需要减少在晚上和周末的工作量或工作时间。你可以采取能够强制戒毒的"冷火鸡"式的方法——立即停止晚上的一切工作——但这可能不是最好或最简单易行的方法。我建议你慢慢开始,逐渐减少额外的工作时间。从下周的某个晚上开始,为自己停止晚上的工作做好准备。不要担心:你仍然可以在某些夜晚工作,但也要规划出一些夜晚不做任何工作。重要的是,不要接听任何与工作相关的电话,也不要查看电子邮件。我制定了一个时间表,你可以像安排自己的工作那样,用它来安排你的休闲活动(见第13章)。

如果你每天晚上工作,哪怕只工作几个小时,在接下来的几周里应选定一个晚上不做任何工作,甚至不查看你的电子邮件。把这个记在你的日记里,这样你就不会再加班了。你可以回答说

"本人现在不在办公室",即使你有立刻回答的习惯,别人也不会期待你的回音了。在自己的时间表中将自己不打算工作的那个夜晚做出标记,并坚持下去!利用这段时间放松自己,与家人共度时光,或同别人交往,但不要工作。几个星期后,一旦你开始享受并期待那个远离工作的闲暇夜晚,可以尝试一下享受第二个这样的夜晚。你可能必须先减少工作量,以适应自己的时间表,腾出可让自己充分放松的额外时间,你甚至可能会发现自己的工作效率越来越高,这样你就不再需要在晚上工作了。正如西里尔·诺斯科特·帕金森曾经说过的那样,"完成一件工作往往能把期限内的时间都用上,"这是多么奇怪的事情。如果给我们10个小时的时间完成一份报告,通常就需要10小时才能完成;但如果只给我们8个小时,我们也会设法在8小时内将其完成。限度和最后期限有利于我们全力以赴地完成一件事情。我们都需要最后期限的限制,以防止延长我们完成工作所需的时间。让我们积极面对这种情况,超过期限的后果确实能够鞭策我们。

"每个人都需要最后期限。即使是海狸一样兢兢业业干工作的人也是如此。"——沃尔特·迪士尼

即使你的工作没有一个迫在眉睫的最后期限,为自己设定一个目标也是有益的(稍后将更多地对此进行讨论)。在闲暇的晚上,即使你的思绪偶然又转到工作问题上去,也不要太担心。事实上,只要你有意控制,你的思维就能变得更加集中,因为你的思路开始变得清晰。你可能正在参加休闲活动，突然间你找到了一个一直在工作中困扰你的问题的解决方法。想一想在泡澡时灵感迸发的阿基米德，灵感降临的瞬间我们的思维开始从茫然无措的状态转向解决问题的思考——在第 5 章中我们把这种情况称为情感反刍性沉思。你无法强迫这种思维方式和创造力出现，而且，你不想让这个过程停下来。

前面讲过，当我们最没有想到的时候，尤其当我们不工作的时候，我们许多最有创意的想法便会突然迸发。例如，被认为是结构化学的主要创始人之一的德国有机化学家——弗里德里克·奥古斯特·凯库勒，一直在努力确定苯的结构。他知道苯含有 6 个碳原子，但他不知道这 6 个碳原子的构成结构是什么样的。他对这个问题的研究已经持续了一段时间，并没有取得任何进展。一天晚上，他做了一个清醒的梦。梦里 6 条蛇组成了一个环，相互咬着彼此的尾巴。凯库勒将梦里看到的这一幕与苯的化学结构联系到一起。虽然这个故事有很多种不同的版本，但凯库勒本人却说梦里的这个结构形式是在他对苯的碳键性质进行多年研究之后才出现的。

你可能已经习惯了整个周末都在工作，但你需要停止这样做。我建议你在周末至少休息一天，除非你正在做一个重要的项目，或者正研究自己的一个项目。好吧，如果你觉得需要赶上前一周的工作，或需要计划周一上午的会议，甚至花时间反思一些重要的问题，那就让自己工作吧。你可以在周六上午工作，但不要整天工作。如前所述,如果你知道自己将在周六工作,那么当你在周六早上醒来时看到有工作要做就不要感到惊讶了。我敢打赌,如果你打算在年假时能脱开身离开工作的话,你会在本周内挤出时间完成工作。令人惊讶的是,只要有需要,我们就能挤出时间,全心全意地投入到工作中。

如果你的工作需要你有创造力或需要你去解决问题,事实上,周末不工作会让你更有效率和创造力。人们告诉我,当我第一次告诉他们要改掉在闲暇时间工作的习惯时,他们最初持怀疑态度;但是一旦他们习惯了不工作,他们在工作中却变得更有效率、更有创造力、更加快乐。他们还反映说,他们在工作时变得更加投入和专注,而且抱怨和说闲话的情况越来越少。顺便说一句,我认为应该避免说闲话。如果你不能对同事敞开心扉,就永远不会成为一个完整团队的成员。成功的人从不说三道四,他们只是执着于完成手头上的任务。

如果你对事业上相当成功的人所具有的好习惯进行考察,你会发现有一些人在不停地工作,但绝大多数人都会表示,在他们想到问题的最好解决办法的时候并没有进行积极思考。他们最伟大的发明或见解发生在被科学家称之为"顿悟"或"灵感"产生的瞬间——这些发明或见解都是在人们最不期待发生的时候出现的。

第13章　制定休闲计划

> 无论你年龄多大，你都可以有新的目标和新的梦想。
>
> ——克利夫·史戴普·路易斯

我们中有多少人为每天晚上制定计划？不是很多。当我和人们交谈时（尤其是那些在工作后精神上难以放松的人），总是非常惊讶地发现，他们中有太多的人不为自己一周内的休闲活动制定计划。大多数人回到家，吃晚饭，然后要么工作，要么坐在电视机前，直到就寝时间。事实上，有很多人"双管齐下"，他们会坐下来，一边看电视一边仍在工作着，或者在思考工作。遗憾的是，如果我们不小心，这会成为一种习惯。本章要讲的内容是鼓励你在闲暇时间变得更加积极主动，并掌握住控制权。

在上周闲暇的夜晚你都做了什么？

抄写下面的表格，花几分钟写下你在各个夜晚所做的事情，比如上周的夜晚或上上周的夜晚。你的夜晚通常是怎样度过的？

我猜想很多时间都用在做一些必要的事情上，比如吃晚饭和饭后的收拾打扫；然后呢？你会工作或思考工作问题吗？你会读书，去健身房吗？或是因为感觉过于疲劳而只看电视？你可以使用下面的表格或设计自己的格式。如果你不记得自己做了什么，可以将这个表格作为日记记录下周的行为，写下你每天晚上都做些什么。如果你能大致算出你在这个事情上花费了几个小时或几分钟，那最好了。重要的是，你不要改变自己的惯常行为，如实记录。我们将它称为你"现在的自我"。

在上周晚上你都做了什么？（现在的自我）

	晚上6:00	晚上7:00	晚上8:00	晚上9:00	晚上10:00	晚上11:00
周一						
周二						
周三						
周四						
周五						

你希望在生活中实现什么目标？

现在花几分钟时间，想想你最想在生活中实现什么目标，特别是要为工作日的夜晚做好打算。我们会称之为你的"理想自我"。如果你对当前每个夜晚的度过方式很满意，不想做出任何改变，这很好，但无论如何请继续读下去。每个人都有自己的目标和渴求。这可能是修完一门夜校课程，从事更多的社交活动，或只是花更多的时间陪伴自己的家人、配偶。也可能是重新设计房屋或花园，进行装饰点缀；或者自己种菜，变得更加自给自足。如果你一直想塑造自己的形体，现在正是理想的时候。如果你一直想了解更多关于葡萄酒的知识，现在是找到一个葡萄酒俱乐部并成为会员的最佳时机。如果你一直想加入你的社区，你可以考虑选择每周一个晚上做慈善工作。也许你还想去跳交际舞吧？为什么不去呢？休闲活动多种多样，不胜枚举：

室内休闲活动

　　表演、棋盘游戏、书籍装订、保龄球、书法、蜡烛制作、纸牌游戏、象棋、收集（硬币、邮票等）、烹饪、创意写作、钩针编织、跳舞、刺绣、插花、自家酿酒、编织、模型构建、乐器演奏、陶艺、智力竞赛、阅读、雕塑、缝纫、唱歌、素描、壁球、跆拳道、武术、木工、瑜伽

户外休闲活动

　　射箭、背包旅行、篮球、养蜂、观鸟、健身、骑车、钓鱼、足球、觅食、搜寻化石、做园艺、高尔夫、徒步旅行、爬山、慢跑、皮划艇、金属探测、山地自行车、采摘蘑菇/真菌、漆弹运动、摄影、马球、漂流、攀岩、轮滑、赛艇、橄榄球、跑步、帆船、射击、购物、滑雪、潜水、冲浪、游泳

　　无论你选择什么活动，现在不要仔细考虑，只需将它写下来。好记性不如烂笔头。

在晚上你都想做些什么？（理想的自我）

	晚上6:00	晚上7:00	晚上8:00	晚上9:00	晚上10:00	晚上11:00
周一						
周二						
周三						
周四						
周五						

实施你的计划

接下来看看你的清单，并决定你想追求的目标。首先从清单中选择三件容易完成的事情。如果是我，我会先从一些比较容易的事开始做起，但这要取决于你。将清单中列出的活动数量缩小到三个后，我希望你首先选择一个目标去实施。首先挑选一个简单的活动，如与朋友或伴侣一周去一次电影院看电影。选择一个晚上，不做任何工作，不查看邮件，不看电视，不做任何在夜晚通常做的事情，而是下载一个电影，最好去电影院看电影。如果你有伴侣，可以选择一个晚上和他/她一起出去。如果你选择的夜晚恰好有优惠活动就不一定会太贵。如果你喜欢看电影，为什么不经常去看呢，可以计划至少每月去看一次。你可以自己一个人去看电影，但如果有喜欢看电影的伙伴或朋友能够陪你一道去，那岂不更好。如果你对看电影不感兴趣，可以加入某个图书小组，学打高尔夫，或学习烹饪等技艺。关键在于你需要找到某个自己感兴趣并能够经常开展的活动或爱好。因为你经常做某件事，久而久之就会成为一种习惯——你懂的，改掉一个习惯有多难——届时你会发现你的思想不再总想着工作，摆脱工作对于你而言将会变得越来越容易。你的头脑容量是有限的，因此如果把自己的精力集中到另一件自己感兴趣的事情上，你的注意力就会从工作上转移到那个活动上。显然有些时候你的思想会走神，但是你要学会不去过多关注这些想法，将你的注意力重新放在手头的活动上。

为下一周制定计划

每个周末，比如说，在周日，计划下一周你想在空闲时间实现什么目标。制定计划要着眼于长远目标并将其写在纸上。下面是一个例子，仅供参考，但你需要制定自己的计划。我并不是说你不应该看电视，当然也不是说要你在一周内尽可能多地安排活动，而是先计划好一两个活动。以下是我的清单。你也会看到，我在计划中特意留下了一些空闲时间，供你随意做任何想做的事情。你可以在晚上工作或查看电子邮件——我们将逐渐帮你戒除这种做法——有时什么事都不做对你也有益处。一旦开始为下周做出规划，你会感觉自己对一切都更具掌控力，并开始有一种成就感。

周一晚上	安静地与家人相守在家里
周二晚上	和朋友在一起开展智力竞赛
周三晚上	游泳,然后安静地待在家里
周四晚上	夜校课程
周五晚上	做完所有的家务活,或是出门活动

更加重视闲暇时间

不要设定太多的目标。如果这么做了,你不太可能全部实现,然后你会变得懊恼沮丧,倒退回自己以前的状态。同时,不要试图在一个目标内设置太多需要完成的任务。要安排一些空闲时间,否则你会筋疲力尽。这与练习的目的完全相反。如果允许自己至少在前三个月内完成一两个简单一些的目标,你实现自己最终目标的机会就会更大。你计划好的夜间活动很快就会成为常态。一旦你发现自己开始更好地掌控自己的生活,你可以开始考虑设定更大的目标。显然,如果你设定的是一个大目标,你需要把它分解成一些更小的子目标,使它们易于掌控。例如,如果你的目标是建造一个花园小屋,你可以选择一个明确的子目标——清理地面和打地基。想想其他目标与你的长期目标有何关联,并尝试纳入其他有助于你实现长期目标的活动。

实施你的计划

如本书前面所述,放松身心是一个体现在行动中的过程。我们需要通过一些自己安排的活动使自己从工作中恢复过来，放松身心。因此，成功只能通过行动来实现。最后一步是实施你的计划。这是最难的部分。设定目标很容易，难的是坚持这些目标，特别是在进展不顺利的时候。思维是一个奇妙的工具，它可以非常有创意，很好地解决问题，同时也能够设置障碍，阻止我们实现目标。你可能会听到自己在说，"制定的计划永远不可能实施，我太忙了""我没有时间这样做""下班回家后，我感觉太累了，根本不想出去。"不要让这样的想法使你却步不前。

你需要坚持已制定的计划。在下周或其后的一周尝试实施自己的计划。给自己设定一个开始日期，立即开始可能并不可取。此外，如果你断定所制定的计划与自己的想法不相符，随时可以修改计划。我和一位朋友决定每月尝试一个我们以前没有做过的新活动，只是为了看看我们是否喜欢它，或发现我们是否相当擅长这个活动（例如高尔夫、卡丁车赛车、羽毛球等）。这将是你的计划的一部分——每月尝试一次新的事物。

重要的是，你要尽量坚持自己的计划。出现问题在所难免，有时很多事情会堆积在一起，或是发生我们完全无法控制的事情。例如，你可能会发现，在你计划特别做某事的那天晚上你被邀请出去；或者你可能在工作中有一个重要的截止日期，需要如期完工。为了让你的行为成为一种习惯，你必须尽可能地遵守计划。但是你也不必成为计划的奴隶，这也很重要。这个练习的整个宗旨是让你更多地控制你的闲暇时间。如果事情不总是按照你想象的那样发展，也不要感到沮丧。生活自有它奇怪的、不按常理出牌的方式，它常常抛出让我们意想不到的事情。这没关系，也是生活丰富性的一部分，只要你尽可能地忠实于你的计划，你就会发现你在闲暇时间变得更有控制力，减少了对工作的关注。你还会发现自己在白天干工作时更加投入，更加用心。

最后的想法：充满各式各样的、具有挑战性的、发人深省的经历的生活比起那种被动接受大量寻常的、被动的娱乐活动的被动接受者们所过的生活更有意义和价值。

第14章　正念冥想减压法

> 身心健康的秘诀不在于为过去而悲伤，为未来而担忧，或是自寻烦恼，而是要明智而认真地活在当下。
>
> ——佛陀

2010年，美国心理学协会公布了一项调查结果，70%的美国人认为工作是造成压力的一个重要甚至非常重要的原因。我们经历压力时会表现出许多不同形式的压力反应。我认为这种压力反应可以分为四个方面：生理反应，行为反应，认知反应和情感反应。

生理反应包括心率加快，血压升高，脂质增加，如胆固醇、激素、皮质醇中的皮质增加，免疫反应能力降低，尤其是长期经受压力的时候。行为反应可指长期对我们身体有害的任何行为，包括吸烟、饮酒过度、吃过多的垃圾食品、不参与运动健身。由压力导致的认知反应表现为认知错误，如忘记刚刚认识的人的名字；而由压力导致的情感反应表现为焦虑和抑郁等消极情感。工作上的压力也会蔓延到家庭。美国心理协会的研究还发现，对家庭的责任感也会让人感到压力很大。58%的人称，家庭责任是导致压力的重要原因。似乎生活中的各个方面都充满了压力。显然，我们都需要时间在精神上和生理上脱离生活压力，利用这些时间休息、休养，恢复健康。你需要放松自己。你有多少次被告知或听人说过需要放松？"放松（relax）"一词为动词，源于拉丁语"relaxare"，其本意为"松开"。

难以摆脱工作的人通常会讲述两个主要问题。首先，他们很难放松自己，其次，他们不能摆脱与工作相关的想法，根本无法停止思考工作。在本章中，我将介绍一种练习，如果做得好，几乎可以保证你很快学会放松自己，在下班后不再思考工作，放弃与工作相关的各种想法。这种练习被称为正念身体扫描法（mindfulness body scan）。练习正念是一种减少紧张情绪，协助放松身体的有效方式。我发现身体扫描在帮助人们放松方面尤其有效。正念冥想促进对各种感情和感觉体验的意识和关注，使我们把注意力集中在各种体验上，集中在当下，对一切不做评判，平静接受。经常有人问我正念与冥想之间是否有什么区别。在基本层面，很难把它们分开，因为它们都以呼吸、放松和集中注意力为中心。在本章中，正念和冥想这两个术语表达的意思相同，可互换使用。

冥想并不是嬉皮士独有的特征

当人们想到正念冥想时，就会联想到有人盘腿而坐的情形，也许是位长发嬉皮士,在寒冷的房间里为了获得真理或达至乌托邦而低声吟唱。另一种观念是冥想需要进行多年的练习。这两种观念都是误解。事实并非如此：人们在没有看到实效之前是不会花费多年时间开展练习的。我们大多数人都不是长发披肩、身穿羊毛套衫类型的人,有些人可能正在寻求启迪顿悟,但是我们大多数人使用正念冥想的方式是为了放松身心,因为我们发现这种方式对我们有益。另一种错误的观念是人们太忙而无暇进行冥想,并认为在利用冥想获得积极结果之前会耗用他们太多宝贵的时间。事实恰恰相反,冥想的益处是立竿见影的。一旦掌握了基本原理,每天冥想的时间就仅仅需要 10 分钟而已。此外,一旦精通了这种方法,就可将冥想的各个方面融入你的日常生活中,一整天都受益。

什么是正念冥想？

正念冥想实际上是一种心理自控能力的艺术。学会冥想是控制自己头脑和思想的一个很好的方法。因此,冥想是一种绝佳的技能,有助于使我们的思维摆脱与工作有关的各种想法。冥想的方法有很多种,无论使用哪种方法,都有一个共同的前提,因为冥想的方法与我们的思考方式和内心感受相关联。我们的想法可能非常苛刻,甚至可能成为我们自己最大的敌人。每个人都会不时地产生一些不合理的想法。我们也许会期待这样那样的事情发生，我们都有不安全感，都很情绪化。有时我们行事草率，但过后便感到后悔。冥想这种艺术并非为了冲动行事，而是旨在帮助我们改进思维方式，从而掌控自己的生活。冥想的目的之一是教会人们关注此时此地，而不是去考虑过去或未来。

因此，如果做法正确，冥想会使你重新感受到自我控制的感觉；正如他们所说的那样，它可以完全"改变你的想法"。你需要训练你的头脑与你合作，而不是与你作对。你的头脑是地球上最强大的处理器之一，所以我们需要有效地使用它。在一天结束时，一个令人不安的想法仅仅是一个想法。如前所述，一个想法本身并不伤害我们，而我们为了应对这个想法所做出的反应会使我们体验到压力。冥想已被证实对健康有很多益处，包括降低血压和改善睡眠质量。有些研究甚至表明，大脑结构和基因活性随实践练习发生变化。此外，经常冥想的人报告头痛的次数较少，疲劳感和紧张感较低，但其工作效率却大幅提高。我们已经在许多研究中证实，练习冥想，哪怕每天只练习几分钟，是减少压力和促进放松过程最有效的方法之一。为什么不尝试一下呢？

在过去几年我与不同的人合作的经验是，倾向于这些方面做得最好的人，都是那些心态开放、放手去做的人。正念的一个方面是训练我们学会观察自己的想法，使我们能够意识到消极的想法，对其进行关注和归类，然后打消这种想法。我们不必再想各种办法处理这些想法了。各种想法可以从我们的意识中出现和消失，如同天空中的浮云一般。你可能会问，当有这么多令人分心的想法时，如何能专注于一个具体的想法。大多数人能够在短时间内将注意力集中于一个特定的想法上，特别是当这个想法很强烈的时候。我敢打赌，在工作中你多次有过这样的经历，总感觉时间过得飞快，似乎一天还没开始便已结束。当你在工作中集中精力做一个有趣的项目时，这种工作状态被称为"涌流"；你专注于一件工作，你的注意力会完全被它吸引，无须努力便可集中精力。

然而，一旦我们放松下来，恐惧、焦虑和消极的想法就会出现在我们的脑海中。有时，当你在看电视的时候，你会发现自己突然想到一个与工作相关的问题，比如，"我发了邮件吗？""我今天不做某件事会不会惹老板不高兴呀？"看来我们几乎无法控制自己的想法。当我们处于某种心态时，我们往往会体验到不愉快的画面或想法。我们可能会发现，我们被同样的想法或欲望所困扰。这种想法不断地折磨我们，常常使我们感到正在为一些过去的罪责受到折磨，尽管这种想法并不合理。我们不断受到外部世界的刺激，可能会发现自己不断地做出判断：我不喜欢……这使我想起了……有些想法似乎强烈到会影响我们的判断。所以，我们的基本任务是学会使内心清静。

正念身体扫描

进行这个练习需要找一个不太可能被打扰的安静地方坐下或

躺下来。不要显得拘束，用一两分钟的时间安坐下来。你可以把你的拇指和食指放在一起，或把手放在一侧。一切准备好后进行正常呼吸，专注于吸气和呼气的各种感觉。把意念集中在呼吸时腹部的起伏动作，并注意空气进出鼻孔的感觉。吸气时，冷空气进入你的鼻腔，变得温暖潮湿。呼气时，你可能会感受到细微差别。试着用鼻子呼吸，但要记得事先清理你的鼻道（你的鼻道里有鼻毛，起过滤器的作用）。如果无法清理鼻道，不要担心，试着用嘴呼吸。不要急于锻炼，只需正常呼吸。这是一个简单但非常有效的方法。一旦学会，你可以在任何地方运用，比如在公共汽车上、火车上，甚至在你紧张地等待面试的时候。练习得越多，就越容易放松。

我们通常不太关注自己的呼吸，在很大程度上认为这是理所当然的。然而，我们可以利用呼吸的效果。当我们呼吸的时候，吸入的氧气进入我们的血液，并将心脏和肺部排泄出的二氧化碳释放出去。人们认为，有缺陷的呼吸实际上可产生某些负面效应，例如焦虑、紧张、头痛和疲劳。因此，学习正确呼吸的方式很重要。

通常，我们表现出两种呼吸方式：胸式呼吸和腹式呼吸。胸式呼吸是浅呼吸的一种形式。吸气时，由于吸入了空气，我们的胸部扩大，肩膀抬起。呼吸通常很急促且间隔时间不均匀。这种呼吸方式通常出现在我们感到紧张或焦虑的时刻。胸式呼吸方式往往摄取的氧气量太少，使得二氧化碳在我们体内积聚，可能导致轻度头痛、心悸和呼吸急促的状况。

腹式呼吸相对胸式呼吸而言更缓慢、更有节奏，腹部扩张、隔膜收缩，空气被深度吸入至肺部。当腹部和隔膜松弛时，空气被呼出体外。你可以将一只手放在腰围附近的腹部，另一只手放在胸部，以此来判断自己的呼吸方式。请注意观察当你呼吸的时候双手位置的抬升状况。如果你注意到腹部相对于胸部隆起幅度更大，你就是在进行腹式呼吸。如果腹部隆起幅度相对于你的胸部而言没有太大变化，你更可能是在进行浅胸式呼吸。你的目标是学会进行更多的腹式呼吸，减少胸式呼吸。只有实践你才能做到这一点。你会发现，当你更多地采用腹式呼吸法时，你会感觉更轻松，紧张情绪也会有所缓解。

正念训练方法将我们的注意力集中在当前的每时每刻，重在不断地坦然面对自己的思想和情感。尽量不要去想过去或未来，只是尝试将自己的注意力集中在当前。其原则是观察头脑中出现的任何思想或图像，而不是处理信息的内容。只观察这些想法，不进行任何评判。

一旦你能轻松地将意念集中在呼吸上，你就可以开始探索身体的其他部分。从你的左脚开始，轻轻地检查你的脚趾和脚踝的感觉，然后逐步将检查范围扩大到你的膝盖和臀部，然后查看右腿。观察并记录你在做身体扫描练习时所体验到的所有感觉，但在移动到身体的下一个部分之前，试着放下这些感觉和想法。做这个练习时应尽量保持静止不动。查看了身体的下半部分后，你就可以开始探究上半部分。在这里我就不一一详述了。有许多网站提供免费正念身体扫描的音频练习，如果你喜欢这样的练习，可以上网查阅。

当你完成一个放松的过程，给自己几分钟时间逐渐恢复到正常状态。在练习时闭上眼睛特别重要。深度放松会导致血压下降，因此你需要给自己一点时间进行调节。如果在练习结束后突然站起来，你可能会感到昏眩。一段练习结束后应轻轻摇动双腿和双臂，并休息几分钟。要留意你在此时感受到的平静和放松，调节好状态后，便可起身继续自己的日常活动。

一旦你熟悉并体验了正念训练方法，就可以试着去关注你个人生活的其他方面。例如，我们当中有多少人吃东西时没有真正注意自己口腔中所体验到的感觉？我们应该注意食物的气味、质地和味道。你也会留意吞咽食物的感觉——食道的肌肉在将食物推送到胃里时进行收缩和放松的感觉。好笑的是，一旦对自己所吃的食物更加留意时，你甚至会发现自己的食量变得小了。

重要提示！如果你患有幻觉、妄想或其他精神疾病，则不应使用上述放松方法。如有疑问，需在开始进行身体扫描练习前向合格的执业医师咨询。

第15章　去让你静下来的地方

> 在一个晴朗的日子,坐在树荫下观赏满园翠绿景色,是最令人感到惬意的事情。
>
> ——简·奥斯丁《曼斯菲尔德公园》

在极其成功的美国热播喜剧《生活大爆炸》中,天才科学家谢尔顿·库珀的生活似乎被逻辑和科学原则所统治。但他确实有感性的一面——他总是坐在沙发的末端——他最喜欢的地方。对于谢尔顿来说,其他任何座位都不称心。他试图为自己不选择其他位置而只坐在这个地方进行辩解,他声称从这个位置看电视的角度是最完美的,既不很热,也不很冷,更不漏风;但他喜欢坐在那里的真正原因是,他觉得坐在那里让他感觉舒适,可以放松自己。那儿就是他最喜欢的地方。

找到自己最喜欢的地方

我们每个人可能都有一个或几个有助于恢复健康的特定地

方。最喜欢的地方是一个让我们感到舒适和放松的地方。特别是在历经了一段任务重、压力大的时间后，最喜欢的地方应该是有助于你恢复身心精力，重新进行沉思默想和仔细思考的场所。最喜欢的地方通常是你在一段时间内依依不舍的某个地方。它之所以能成为你最喜欢的地方，是因为它与以前的美好经历联系在一起；同样，它也可能是一把你最喜欢的扶手椅，或是你常去的花园的某个地方；甚至可能是一把公园长椅。最喜欢的地方是能够让我们有时间整理思绪，有助于发展和巩固我们个性意识的任何地方。这个地方可能是一把你最喜欢坐在上面看电视的沙发，它甚至可以在你的花园小屋里，或者是海滩上你习惯去的某个地方。我无法向你推荐一个有助于你下班后恢复身心、放松自己的地方。一个地方对你产生特殊意义的原因可能有很多。你可能会在某个特定的地方（海滩、公园、度假目的地，甚至是马背上）联想起过去愉快美好的经历或情感。让你体验到积极的情感或感觉的地方几乎都会成为你最喜欢的地方。

最喜欢的地方并不一定是具有异国情调的海滩，也不一定是个偏僻幽静的地方——虽然一个人最喜欢的地方也许是个可以退隐躲避的安静地方——因为从理论上说，你最喜欢的地方可以是个足球场，你喜欢在那里观看自己球队的比赛。你最喜欢的地方甚至可能不止一个，它可能是你的椅子，也可能是花园里让你觉得特别放松的一个地方，还可能是诸如艺术画廊、音乐会场或剧院那样既迷人又刺激的地方，甚至可以是下班回家路上那个可以安静地喝咖啡、喝饮料的地方。重要的是，那是一个为你所用的特定地方，它是你的个人空间，一个调节情绪、放松镇定、让内心清静的地方。人们不仅利用自己最喜欢的地方逃避工作或从工作中得到解脱，而且还利用它逃避生活中的其他压力。最喜欢的地方让我们的生活压力得以缓解。如果你在一个繁忙的办公室工作，或者必须一整天都在工作中与他人打交道，你可能会在晚上寻求独处，去自己最喜欢的地方静坐一会儿。相反，如果你主要是自己一个人工作，你最喜欢的地方可能是当地的酒吧，因为在那里你可以与别人交往。

科学解释

　　心理学家会认为，人们利用特定的地方进行自我情绪调节。自我调节是一个术语，指的是我们控制自己行为和情绪的能力。自我调节的目的是尽可能减少内心的紧张感，从而保持较好的自尊。一般认为，人们大多喜欢愉快的心理状态，而并非不愉快的心理状态。例如，为了保持积极的自我形象，人们可以用锻炼的方式保持自己的健康和体型。自我调节能力高的人更容易在执行任务和追求目标上取得成功。

　　自我调节主要涉及对思维、注意力、关注度和情绪的控制。所有这些方面在帮助人们从工作任务中解脱放松上都起着重要的作用。你可能会意识到，本书的大部分章节中所讲的相关建议和方法都可用来调节你的情绪，减少你对工作问题的思考。参加文化艺术活动、与人交往、参与精神或宗教生活都有可能提高生活满意度。投身于这些活动会有助于你在下班后放松精神。

雷切尔

雷切尔是一位有两个孩子的母亲，通常每周工作六天。除此之外，她还承担了大部分家务。正如她自己所说的那样，"如果不忙起来，这些工作根本不可能完成。"她最喜欢的地方是海滩，无论在上面坐着或是走着，她都喜欢。待在海滩的时候，她知道不用做任何工作，也无法查看电子邮件。因为她是一位忙碌的母亲，她也知道，当她在海滩上时，不会想到做家务，不会听到朋友的敲门声，也不用去思考晚饭要做些什么。

给自己一些时间进行反思

每天花点时间和自己约会。我们很多人每天都忙过头了——参加一场接一场的会议，千方百计地解决问题，与愤怒的客户打交道——然后回家做家务。许多人抱怨说现在的生活似乎没有给予他们进行个人反思的时间和机会。也许这是真的，这就是为什么我们需要为自己腾出时间进行反思的原因。每天为自己挤出至少10分钟的时间安静地坐着思索、反思。应该为自己创造出一片平静的绿洲。这些时间不是用来进行正式的沉思练习。在什么时候、什么地方进行反思由你自己决定，但是这个地方一定不能让你分心，没有广播和电视的干扰；时间也许是你午休时或晚上的某个时候。起初，进行反思似乎有些困难，但在练习了一段时间后就会成为你的一种习惯，你会不知不觉地进行反思。你会发现自己变得更加镇定，思路更加清晰。你会知道在家里和工作中需要做些什么，什么重要，什么不重要。这个练习的目的并不是为了让你对自己生活中的所有方面进行内省，只是为了帮助你放松身心，整理思绪——为了给你自己一些喘息的空间。

第 16 章　和问题约个时间吧

道德修养的最高境界是认识到我们应该控制自己的思想。

——查尔斯·达尔文

我在此有一个强烈建议：如果觉得不方便，可以暂时不去思考一个问题。我把这种练习称为"暂停思考"，其背后的理念是在没有做好充分准备以前不要开始行动。应该把它作为自己在白天安排活动的一个方式，比如修剪草坪和查看电子邮件。你可以决定现在或以后修剪草坪，或查看电子邮件。无论什么时候去做，在你回过头来开始行动之前，这两件事情都原封不动地在等待你去完成。同样，你自己决定何时抽出时间思考问题，如同你自己决定何时集中精力去处理一项工作任务或查看电子邮件一样。在没有做好充分准备之前，不应该让一个想法或问题闯入你的脑海。如果你有一些需要优先处理的事情，这样做就比较容易。比如你可以说，"我现在忙不过来，稍后再来找我。"

一些人较其他人而言觉得这样做比较容易。不管怎样，这都是你可以开发的一种技能，一旦掌握了便可应用自如。承认有个想法但又延迟实施的行为似乎可以在潜意识上可以帮助你，因为你知道自己很快会再次想到这个想法。当你重新考虑这个问题时，你可能会觉得它其实并不那么重要。届时你就不会在情感上感到压力大，非常苦恼了。

遗憾的是，除非你非常擅长暂停思考，否则实施起来确实相当困难，尤其是那个想法牵涉到情感问题，已经明显使你感到烦恼。

你可以运用两种不同的方式停止思考与工作有关的烦心事。第一个方式是纯感性的方式，第二个则更偏向分析，着眼于解决问题。

想法只是想法

把情绪化的、令人心烦意乱的想法暂时放在一边

如果有真正的烦恼或痛苦，却不能在某个特定时刻处理它，应该暂停思考，并安排时间以后处理。把安排好的时间写下来，把它看得同日记里的约会时间一样重要。如果你在预约时间到来之前又想到这个想法，应该提醒自己你已经安排好以后再处理它。在你的日程表中写出两个可以全力处理烦心事的时间，每一段时间设为 10~12 分钟。

当时机成熟时：

- 在练习中避免受到打扰。找一个不会被打扰的安静地方，关闭手机。

- 然后开始思考问题。当你开始担心这个问题时,不要想找到解决的办法。不要对自己说,这些担心不合理,自己真傻。

- 对困扰你的问题尽量多想,想到一些负面影响。

- 不要去看事物的积极方面。这次练习的目的是让所有负面的影响暴露出来。

- 允许自己在练习期间变得焦虑和情绪化。

- 在整整 10 分钟时间内,让自己一直思考那个让你担忧的想法,即使一时思想走神也要迅速再回到那个想法上。

- 思考 10 分钟后,不再继续思考,进行 2~3 分钟的放松呼吸练习,然后继续以前的活动,或开始一个新的活动。

- 如果这个想法再次出现在你的脑海,要提醒自己,已经安排了时间稍后对它进行处理。

本项练习如何奏效

本项练习在很多情况下都会起作用。首先,一旦你将自己的情绪疏导发泄出来,你会觉得很平静,更放松。你也会发现自己不再受到不良情绪的困扰,思想变得更清晰起来。疏导发泄自己的情绪有利于释放出因精神压力导致的紧张感和挫折感。暴风雨过后,世界总是显得更加平静。所以,即使你在练习中开始哭泣,也不要担心;哭泣是让你发泄情绪的好方法。一项调查显示,近 90% 的人在哭泣后感觉更好。此外,如果你在练习中没有哭,也不必担心;该项练习的目的并非让你哭泣。如果你在练习期间真的哭了倒也无妨。

其次,时间是一剂治愈心灵的良药。只要暂停思考一个想法,一段时间后,再次想到这个想法时,它似乎变得不那么令人痛苦了。同时,你也可能有了一定的抗干扰能力,所以应对起来比较顺利。此外,我还认为,暂缓对某个想法进行关注处理,可以避免在通常情况下立刻对其进行处理时所造成的那种火上浇油的后果,不会让它愈演愈烈。不要立刻对事情做出反应,等待冲动的情绪平缓下来,防止钻牛角尖带来的恶性循环。把某个想法暂时放在一边,不去想它,这本身就已表明自己有能力控制那个想法。

第三,当与思考相关的情感压力的自身影响逐渐减少时,这项练习就会起作用。你会发现这项练习做得越多,完成十分钟的难度就越大。几天过后,你会发现自己用尽了表达情绪的方法,情绪产生的影响会减弱。最终,困扰你的想法将只是一个想法而已,并没有附带任何情感色彩。当你重新体验这个想法或情感时,你不会感到焦虑紧张,而是会习惯它,并因重复练习感到无聊。最后,随着时间的推移,你的身体会对压力的导致因素产生自然的抵抗力。这是一个非常有效的练习方式,可用来暂时搁置工作无关的想法。但是,如果你受到其他影响更严重的想法的困扰,请咨询健康专家。

想象一下,在与你的顶头上司或客户开早会的时候,他们批评了你,而在你看来这很不公平。你并没有咆哮和愤怒,而是自思自忖,"现在不是我思考这个事情的时候,我必须先去处理一个更为紧迫的问题。"在某种程度上，这个思考的过程起了作用，因为你通过思考其他的东西来分散了自己的注意力。重要的是，你不要试图压制这个想法——如白熊的例子（见下一章）——因为这种做法只会让它反弹回来。你不能无限期地把那个想法搁置起来。你必须在某个阶段面对它，处理它。你可以选择今天不修减草坪，但它仍将继续生长。然而，在白天的晚些时候或在晚上，你会开始考虑这个问题。你会意识到这其实没有什么大不了的，你的顶头上司或客户可能有他们的观点和道理，只是试图帮助你而已。当时没有生气，而是拖延你对这个想法可能采取的行动，这不仅在白天让自己免去了大量的痛苦和压力，而且也没有使老板和客户不开心。

暂停思考，为的是冷静分析处理

和前面的练习一样，就像在日记里记下的某个约会时间，记下一个处理某个想法的时间。如果你发现在安排好的时间到来之前这个想法突然出现在你的脑海里，尽量不要马上处理。只需提醒自己，已经安排好时间稍后对其进行处理。将自己可以全力处理这个问题的日期写在你的日程表上。你每次需要给自己安排的时间可能是 12 分钟多一点。

当时机成熟时：

- 在练习中一定不要受到打扰。找一个不会被打扰的安静地方，关闭手机，锁上办公室的门；或是找一个不会被打扰的地方,聚精会神只做一件事(如在公园里,独自一人喝咖啡)。

- 根据对问题的分析,把它写在一张纸上并思考一些解决方案。你可以列出利弊,通过意识流想出尽可能多的解决方案。
- 现在处理你的解决方案。
- 从客观分析的角度研究问题。不要受情绪干扰。从对方视角看待这个问题。
- 你需要征求别人的意见吗?如果需要,就这样做吧。
- 如果解决方案可能会妥协和失去面子,也要接受。

如果你开始在白天担心这个问题,不要想办法去找解决方案或着手去处理它。要承认它是一个问题,但也提醒自己已经安排以后对这个想法和你体验过的任何情感进行关注处理。

凯伦

凯伦从事销售和市场营销工作。她的工作通常受到经理们的好评,得到表扬。在一次每周例会上,销售经理宣布将在几周后启动的一个活动落后于计划,需要立即采取行动纠正这种情况。凯伦离开会议时接到了合作伙伴的电话,对方对出现的一个问题给发表了讽刺性的评价。虽然凯伦明显变得不安,但她选择了暂时不去思考这个问题及与它有关的任何负面影响。她需要把注意力集中在手头的问题上。她决定在当天晚些时候,抽出20分钟时间精力充沛地去处理上述问题。在此期间,凯伦能够与像平常一样忙着工作,非常干练称职。

第17章 这些减压方法就别用了

如果你不控制自己的思想，你就无法控制自己的行为。

——拿破仑·希尔

前几章讨论了一些应该采用的有效的方法来处理与工作有关的想法。本章将讨论一些应该避免运用的方法。

想象一下，你正在和朋友谈论自己难以摆脱工作、放松身心的问题。你的朋友说，她刚刚在一本杂志上了解到一种肯定有效方法，叫作"思考停止"。这是一种以抑制的手段摆脱重复出现的消极思想的方法。每当你心里有一个令人不安的思想时，比如"我一定要做那个项目""我真的害怕明天看到我的老板""我真的需要完成那个交易"，你想做的就是用一种叫作"思维抑制"的方法强迫自己不去想这些事情。你应该自言自语或大声地喊出"停止思考"。

在临床实践中医生会在患者手腕上戴橡皮筋。每当患者心里冒出令人不安的想法时，就要求他们拉一下橡皮筋使他们发出清晰的响声。随着时间的推移，这种被称为条件反射的做法将会减少你体验这种想法的次数。遗憾的是，久而久之，这种做法只会在你的手腕上留下一个难看的痕迹，因为以这种方式使"思维停止"通常不起任何作用。此外，这种做法事实上会产生一种反弹效应，会使情况变得更糟。这只会让我们更努力地抑制自己的思想，并造成滚雪球般的效应。如果我们没能成功抑制一个令人不快的想法，而且感受到伴随这种思想的情感压力，我们会更加努力地再次尝试去抑制它。这种想法在不断地反弹过程中变得更加顽固，经常出现。因此上述做法毫无意义。就好像我们感到烦心时有人对我们说"摆脱坏情绪"，振作起来。如果真的那么容易的话，我们自己早已那样做了。

尽量不要去想一只白熊

现在有许多实验室研究已经证实试图抑制这种不必要的想法是徒劳的。丹尼尔·韦格纳和同事在一系列有趣的实验中确凿无疑地证明，一心要将不必要的想法从意识中驱逐出来，其结果只能使它更易于反复出现。在实验中韦格纳要求受试者们不去想一只白熊。最初这是俄罗斯小说家费奥多·陀思妥耶夫斯基在他的作品《冬天里的夏天印象》（1863年）里提出的一个问题。每当一个白熊的图像或与其有关的想法呈现在他们的脑海里时，受试者都需按下一个按钮，或宣布他们正在想着一只白熊。自己试一试这个方法。停止阅读本书几分钟，然后尽量不要去想一只白熊。两分钟后看结果。

在做这项实验时，我打赌你不止一次想到过白熊。现在想象一下，你要有意抑制、尽量不去想一个令人不快、使人心烦意乱或令人不安的图像或想法。你越是试图抑制它，就会越多地体验到这样的想法，体验到与那个想法相关的负面情感反应。你的情感反应会以紧张、焦虑等形式表现出来，令人不快。从上面的例子可以看出，思想抑制不仅不起作用，而且在恢复过程中可能会起反作用。

思想抑制不起作用，是因为每次你试图抑制一个思想，都必须有意关注它。自己根本无法决定永远也不会想起某个事件。每一次试图压制思想的时候，你实际上都在更多地关注它，反而使它更容易被自己意识到。那时你已经注意到自己试图抑制的那个想法。这就像一条直接通向不愉快思想的路线。如果只凭抑制就能解决问题，我们永远都不会不快乐。如果我们伤心或沮丧，我们可以想出一个积极的想法——嘿，我们现在很开心。遗憾的是，虽然我们也许找到了积极思考的理由，但我们的大脑却并不这样运作。根本没有神奇的按钮或关闭开关。我们无法确定在某一时刻我们回想起什么样的事情来。

不要去寻求快速的解决办法

为了帮助克服或忍受由于无法在下班后放松休息而引起的过

度疲劳和压力，许多人寻求快速的解决办法。头痛可以用片剂治疗——很多头痛是由脱水引起的——所以在很多情况下，喝水服用丸药可以治头痛。为了迅速地开始一天的工作和生活，我们已经习惯了早上，或在去上班路上做的第一件事就是喝一杯茶或咖啡。看到太多的人在走路或开车上班时手里都握着一个大塑料口杯，这种情景不禁令人震惊。这里的问题是，身体会慢慢变得完全依赖于你所摄入的物质的缓解特性。在这种情况下，你非但不能加速身体的恢复，更好地控制导致压力产生的因素，反而会依赖药物阻止副作用或减轻脱瘾症状。以吸烟为例。我们发现吸烟群体更易于经常思考自己工作上的事情，比不吸烟者更难摆脱工作对他们的束缚。吸烟者经常说，他们需要靠香烟帮助自己安静下来，减轻压力放松休息。有时他们会选择在吸烟的同时喝咖啡，让自己感受双重兴奋剂的功效。然而随着兴奋作用逐渐消失，吸烟或习惯服用镇静剂的人会开始变得紧张起来。如果他们在工作上遇到了问题，或者在思考与工作相关的问题，他们就更想吸烟了。

靠饮酒来放松

特鲁迪

特鲁迪是一家有名的公共医疗通信公司的公关顾问。她在竞争激烈的环境里工作非常努力，薪水也很高。特鲁迪认真、勤勉，随时准备加班完成工作。她最近升职了，担负的责任也有所增加。由于工作需要她经常出差，离家在外。她经常工作到深夜，招待客户，筹备各种发布会或类似的活动。她在工作上一直很专业，工作时很少喝酒，除非有人请她喝酒。由于深夜加班，操劳各种大大小小的事务，需额外担负一些责任，特鲁迪感到在晚上结束工作后越来越难以放松身心。有时她要两到三个小时后才能入睡。她发现，如果某个项目需要她离开家在酒店连住几晚时，入睡尤为困难。因此她开始需要在晚上喝一两杯酒来帮助自己摆脱工作压力。喝酒有助于她抑制自己对工作的思考，似乎减慢了她思维运转的速度，有助于入睡。这样做并不少见。许多人都喜欢借助酒精的麻痹作用让自己摆脱工作，放松精神。喝一两杯葡萄酒、威士忌，或一两杯啤酒，理智地借助于酒精确实可以让自己放松。

酒精：一种有益的补药，但它不是灵丹妙药

在研讨会刚开始的时候，我总是要求人们列出他们曾尝试过的放松身心的方法。每一次都有人提到酒精。在繁忙的一天或一周的工作结束后——无论好坏——给自己倒一杯最喜欢的饮料都是不错的选择。坐下来放松休息，花一点时间冷静地反思一下。如果你能和一些朋友喝上几杯，一起享受快乐的时光，就会更好

地将注意力从工作上转移,更好地放松身心。

酒精是一种有趣的饮料,偶尔喝杯啤酒或葡萄酒是有益处的。作为一种松弛剂,酒精可以减缓大脑和中枢神经活动,有助于睡眠,因此看上去像是帮助人们停止思考工作的灵丹妙药。许多人告诉我,酒精有助于他们放松睡眠,在上述案例研究中特鲁迪也发现了这一点。虽然酒精被认为是一种松弛剂,实际上它会影响睡眠质量,尤其是会影响对记忆、组织和骨骼的生长及免疫功能都很重要的深度睡眠质量。为了从工作中解脱出来而饮酒的人称,醒来时经常感觉疲惫,精神体力尚未恢复。饮酒通常还会使人第二天清晨较早地醒来,尤其是中年人和老年人。他们饮酒后在晚上会因内急而醒来去洗手间。在特鲁迪的例子中,她为了促进睡眠晚上饮酒,次日早晨醒来后常感觉口渴得要命,很难开始工作。在这样的日子里,工作难度显得越来越大。她努力争取尽可能多地完成任务,因此为了赶上进度工作得更晚了。

不配菜的单饮是一种很好的放松方式,有助于缓解压力,但是我并不建议经常这样做。选择饮酒相当容易,但这样做,你需要冒着依赖酒精才能放松自己的风险。如果经常饮酒放松而不是真正面对导致压力的原因,那么让自己喝醉只是一种逃避手段。为了更有效地处理工作任务,你需要找到其他的方法来帮助自己放松,并冷静地思考压力产生的原因。过量饮酒对你的身体有多不利呢?酒精引起脱水,降低身体的协调能力、耐力和平衡性。很多酒精饮料所含热量较多,因此饮酒会导致体重增加,此外,酒精还会损害我们身体吸收健康必需营养素的能力。不过在晚餐或晚上喝一杯自己喜欢的饮料可以很好地放松精神。俗话说适度是关键。如果你喜欢喝酒，不配菜的单饮是一种不错的方式，但务必控制好自己的饮酒量。

第18章　别做手机的奴隶

> 这也许是人类历史上最美好的时代。科学和技术确实赋予了这个时代无限的创意空间。如果人类没有沦为科技的奴隶，便能成功驾驭如此强大的科技力量。
>
> ——乔纳斯·索尔克

工作不再是你去的地方，而是你做的或你选择做的事情。笔记本电脑、平板电脑等高科技产品的出现和无线设备的问世使人们比以往任何时候更能轻而易举地进行远程工作。移动办公有明显的优势。无论你在哪里工作，你都可以立即与办公室沟通，与客户取得联系。你不需要在办公桌上检查演示文稿；你可以在去参加会议的路上发送电子邮件和文本文件。如果你愿意，可以随时获取最新资讯。然而，远程工作的一个缺点是，它侵蚀了家庭和工作之间的实际边界。多年来，家庭与工作之间的界限已经变得支离破碎。现在实际工作环境和其他实体环境之间没有明确的界限。

反过来，远程工作也使得员工们难以逃避工作、不再考虑工作或停止工作。因为方便操作，员工们总是抵不住诱惑去查看电子邮件、编辑演示文稿、检查项目状态、发送发票。所有这些任务都是与工作有关的正常工作，在理论上可以改进你的工作状态——想象一下去工作时自己的电子邮箱里没有未读邮件的情形。然而，我们在办公室以外完成的许多任务并不是富于思维挑战的活动，虽然有些显然是这样的（如写报告等），因为大多数时候我们只是查看电子邮件。我们总认为下班后查看电子邮件会节省我们以后的时间。当这些做法成为常态时，问题就出现了。即使是那些采取措施不让员工晚上在某个时间段后发送电子邮件的公司，仍发现他们一直都在发送邮件。我甚至听说过一些机构在下班后就关闭服务器，但是这样做有时会给紧急任务或在海外工作的人带来不便。在这种情况下，人们要求助于电话和私人电子邮件。这种策略能否起作用取决于高级管理层的相关补救措施。

遗憾的是，有些人认为在晚上很晚或是早上很早的时候发送邮件能够体现出他们的敬业精神。相反，对邮件不做出任何回应，就是不敬业的表现。我现在养成了一种习惯，晚上8点以后不回复任何邮件，周末只在周六早上回复邮件。如果可以，不要在正常工作时间以外发送邮件或回复邮件。一旦你开始回复电子邮件，这就成了常态，人们会期待你做出回应。而当你没有回复他们的时候，他们便会感到沮丧、恼怒。

为了休息放松,请关闭手机

以下是我们的一项研究中一位受试者所说的话。在谈到使用技术同办公室保持联系时,保险顾问史蒂芬说:"我一直在使用黑莓手机。在家里用,在火车上用,在高尔夫球场上也用(大笑)。走到哪里我都用它。在度假时也用黑莓手机。"

虽然这听起来有些极端,但是这是我听到的典型案例。我的许多客户最初抱怨工作挤占了他们的生活。因为他们一直都在工作,难怪会一直查看电子邮件。一般情况下,人们并未将查看邮件看成是工作,因为这是在工作以外的时间完成的。我以前提出过这一点,这很重要。查看电子邮件给人的印象是,你很悠闲,除了查看电子邮件之外,你没有什么别的更好的方式在晚上或周末打发时间。因此,你的同事、你的老板或你的客户会认为在下班后给你发送电子邮件是完全没问题的,会期待着收到你的回复。我曾与一位经理交谈过,这位经理因为没能在第二天早上7点前回复老板的邮件遭到了训斥。她的老板只是在前一天晚上11点时才将工作任务发送给她。

人们在假期经常接到工作联系电话,实际情况比我们了解到的还要普遍。我们询问了客户经理丽贝卡,"在工作以外的时间,你的同事会因为工作问题拨打你的私人电话吗?"

"他们大多数人都给我打电话。在我外出度假时,他们联系过我,因为当时出了一些问题,他们不知道如何处理。可能老板不在公司,或是老板根本不知道我的同事们在不该给我打电话的时候却用电话联系了我。"

即使她的老板并不赞成在下班后联系员工的做法,但丽贝卡却认为同事的这种行为是可以接受的,因为她别无选择。

为了重新夺回控制权,你需要做的第一件事是向他们表明你没有空。下班后不接电话,不查看电子邮件。这样做可以增加自主权。如果你有一部公司配备的掌上电脑、智能手机,可以在闲暇期间交还公司或是将其关闭。如果你有公司业务专用电话,还应该准备另外一部私人电话。时代变化得太快。仅在几年前,许多公司不允许上班时接听私人电话。然而现在很多人在家里却收到了与工作相关的电话和短信!

我意识到这样做很难,所以我在第12章中提到的关于"冷火鸡"处理法和突然放弃习惯的规则也适用于这里。可能在起始阶段很难在下班后完全停止查看电子邮件或停止工作,尤其在你已经习惯了这种方式以后,所以一开始要慢慢来,选择在某个工作日晚上、周六或周日不打开电脑,无论打开电脑进行工作的诱惑有多么强烈。然后在其他的夜晚也不工作,直到不在家里工作成为你的习惯为止。如果你开始采用这个方法要学会不查看邮件,也不会感到焦虑。这样很快你的同事和老板就会了解,在晚上9点给你发邮件根本没用,只会期待你在第二天早上9点之前上交完成的报告。他们在这一点上会尊重你,认为你在空闲时间有更重要的事情要做，你也有属于自己的生活。人们不太可能从最糟糕的角度看待你。生活的确如此，人们往往追求一些无法拥有的东西。让同事和老板知道你在空闲时间并不悠闲，可以显示出自己正在忙于一些更重要的事情。如果这样做会让你失去一个客户，也无所谓。难道你真的想体会一下做苦工的头痛感觉吗？难道你真的愿意在退休前一直对人唯命是从、随叫随到吗？

借助科技产品放松自己

我们在一项研究中对于能够轻易摆脱工作的员工和无法摆脱工作的员工之间的行为差异非常感兴趣。我们问了这样一个问题：究竟是什么使得一些人能够比别人更好地从工作中解脱出来？就此我们分别对高反刍沉思者和低反刍沉思者进行了采访。从访谈中可以看出，高反刍沉思者和低反刍沉思者运用技术的方式不同。高反刍沉思者看上去好像是技术的奴隶，他们会在空闲时间里监控自己的电子邮件，甚至达到了在休假的时候都会随身携带笔记本电脑；而低反刍沉思者在闲暇时却不想与工作牵扯到一起。此外我们发现，那些一旦工作完成后便很快放下工作的低反刍沉思者以不同的方式运用技术。例如，这些人会给朋友和家人打电话（如果他们在火车上），或用笔记本电脑听自己喜欢的音乐，或者看电影，这种做法有助于促进休息放松，能让他们的身心在下班回家的路上就得到放松。

掌握控制权

不要被你的通信设备或智能手机绑架，否则你会成为它的奴隶。在下班后一小时内或是下班后立即关闭手机，不要想着查看电子邮件。当然，有时为了完成一项重要工作也需要工作到很晚，用电话与人沟通，但是这种情况只能是特例，不能成为你工作的常态。如果你发觉自己一直在工作但并未从中得到任何快乐，就应该咨询一下自己的同事是否也有相同的感受。有必要在此提醒大家：如果能在晚上充分放松休息而不工作的话，第二天的工作会更有效率。尽量在自己的工作时间内处理完所有邮件。如果你允许自己稍后查看邮件，这些邮件也只能在收件箱里"坐等"你回家后再被"光顾"了。重要的是让自己认识到，在自己的闲暇时间内关闭手机、不再查看邮件并非代表自己懒惰。在空闲时间内不去忙绿任何与工作相关的事情会使你更加放松，你可以精力更加充沛、动力十足地参与工作，工作效率会大大提高。

下班后明智地处置电子设备

不管你喜不喜欢，移动技术已然存在。在当今这个时代，我们都需要准备好如何最有效地处置移动技术。

以下是下班后明智地处置电子设备的一些建议。

- 下班后尽快关闭手机。

一旦离开工作,就要养成拒绝接打电话的习惯。如果你不接电话,人们便会意识到下班后他们找不到你。如果事情真的很紧急,他们会通过其他渠道与你取得联系。要是你觉得下班后无法立即关闭手机,一定要在到家后的半小时内不接听电话或查看电子邮件。

- 晚上与朋友外出时,请享受一个远离科技产品的夜晚。

我们可能都曾经历过这种情况。我们和一群朋友外出聚会的时候,总会有人不停地摆弄他们的手机,这样做的人还不止一个。这种做法不仅粗鲁无礼(除非真的需要用手机处理很重要的事情),而且一心二用也会让人无法真正享受夜晚的美好,仿佛我们已经丧失了沟通情感的原有方式。有一次,我在一家餐馆用餐的时候,邻桌有对中年夫妻与其中一位的母亲一起用餐。这对夫妇一直盯着各自的手机、发送信息。而那位年迈的母亲则静静地坐在一旁,仿佛她的存在根本没有任何意义。因此,为什么不在生活中设置使用科技产品的界限呢?快快选定一个远离科技产品的夜晚,彼此交谈沟通吧!

- 晚上在家里陪伴家人的时候请远离科技产品。

有些人在手机上花费的时间远远超过陪伴配偶或家人的时间。因此,研究结果往往表明,智能手机对亲密关系或家庭关系造成了负面影响,这不足为奇。如果你的心思放在了电子设备上,你肯定就会忽略你的伴侣或孩子。应该与你所爱的人讨论一下晚上如何限制使用电子设备（例如，在晚餐期间或晚上9点以后禁止触摸电子产品）。如果家里有孩子，让他们看到你总是在摆弄手机对他们也会产生不好的影响。为什么不干脆关闭手机，像以前那样同家人好好聊聊天呢？

- **对智能手机和平板电脑的过度使用会破坏温馨的家庭气氛。**

假设你一直期待与你的伴侣在家里度过一个惬意的夜晚。你可能计划买份外卖食品带回家，然后用整个晚上的时间观看浪漫电影，或只是自己创造浪漫情调。然而整个晚上你的伴侣都在盯着他的手机看，根本没有与你共度良宵的意愿，而是把晚上的时间都用在关注其他事或其他人了。对此你做何感想？我想你可能会感觉愤愤不平。研究表明，智能手机和其他电子产品可以削弱亲密关系。如果每次平板电脑接收信息的声音响起或灯闪出现的时候，你都去查看，你就会错失美妙神奇的时光。显然，人们过去常常在性生活后吸烟，而现在他们似乎都在查看手机。关掉所有的电子设备，或者把它们放在另一个房间里。

- **如果需要在晚上查看电子邮件，请慎重。**

留出一个小时，集中注意力，全神贯注地去做自己正在做的事情。不要在看电视的时候还想同时做两件事。这样做会适得其反。在限定的时间里全力以赴完成工作，然后尽情享受余下的夜晚时光。

- **关闭社交媒体网站。**

有些人——我从来不知道为什么——似乎痴迷于让世界知道他们在做什么："我正要去酒吧""我和朋友们玩得很开心。"另一些人觉得我们需要听到他们对一切事情的看法："我不喜欢××。"这并不是对脸谱网或推特的讽刺挖苦。我认为社交媒体是一种出色的重要沟通形式，背后的技术简直令人震惊；然而应该明智地利用花费在这些网站上的时间。

- 不要在闲暇时间里去浏览与工作相关的社交媒体网站。

几乎所有的企业都使用社交媒体来推广他们的核心业务。你或许认为在晚上浏览自己公司和其他公司在各自的社交平台上（例如博客）上传的内容对你来说很有帮助，既能跟上公司前进的步伐，又能做到对其他竞争公司了如指掌。然而，你需要问自己为什么要这样做。真的有必要这样做吗？浏览这些网站，显然不会放松你的精神，事实上你仍在工作。要是发现了一些值得注意的东西，无论好坏，都可能成为一个隐藏的触发机制，引发你对工作相关问题的大量思考。因此，我们最好从一开始就不去登录那些网站。问问自己，你正在做的是否就是工作，你这样做是否是为了消磨夜晚的时间？如果是非常重要的工作，那就要拿出应对重要工作的精神认真工作。这本应该是你需要在白天做的事情，因为人在白天的注意力更集中，可以全身心地投入工作。如果是重要的工作，你应该利用工作时间去做。

- 工作时间以外禁用电子设备上的邮件自动转发功能。

我们许多人都让工作邮件发送到自己的私人手机里。我们不是完全清楚我们为什么要这样做。我们需要质疑这样做的动机，是为了不积压大量邮件，还是为了让别人觉得我们很忙很重要呢？我经常听到设置这种转发功能的一个原因是，电子邮件可以快速得到处理。从长远来看这样做更方便，因为可以防止邮件积压的问题。这样做在工作日对你很有用，特别是在你离开办公地点的时候对你帮助很大。但在工作以外的时间仍设置邮件转发功能就会取得适得其反的效果。关闭这一功能的关键是采取积极主动的措施，在闲暇时间里控制自己工作的欲望。如果不是事先与你的主管安排好了，你需要在一周的某些夜晚随时待命，我们就应该随时关机。在工作日期间将电子邮件转发到你的手机上对你很有帮助，这固然无可厚非。但是在办公时间以外，请将你的手机设置为仅在特定时间（例如上午 8 点至下午 6 点）自动转发电子邮件。如有必要，请激活"本人已下班"的自动回复功能，表明你在办公时间以外不回复任何电子邮件。

- **在睡前一小时内不要查看电子邮件。**

为了安全起见，我们许多人都带着手机上床睡觉，将其用作闹钟。在睡前 30 分钟，最好是 60 分钟内，尽量避免拨打电话、查看邮件和发送信息。除非绝对必要，否则不要在床上使用手机。现已证明由智能手机和平板电脑发出的明亮背光会引起褪黑激素的抑制，可能干扰睡眠。

- **不要拿着手机上床。**

早上关闭闹钟后，你做的第一件事是什么？你是否会拿起手机去查看是否有人给你发送了电子邮件或是文本信息？有些人告诉我，他们甚至在起床之前就会查看智能手机或平板电脑。以这种方式开启一天的生活并不可取。如果你养成了习惯，只要一醒来就查看手机，你会形成条件反射，睡醒后所做的第一件事就是思考工作。那样的话，即使在夜里起床去卫生间，你的头脑中也会出现与工作有关的想法。如果你通过思考工作问题来开始你的一天，那么你在开始工作之前的所有时间都被工作挤占着。如果你觉得在动身去公司前有必要看一下手机，那么一定要把它视为在早上要做的最后一件事情。你可以在用过早餐，做好上班准备之后再打开手机。

- **休假时留下酒店的详细联系方式。**

在休假时，你是如何使用手机和其他电子产品的呢？你会不会一到达酒店就向前台询问酒店的 Wi-Fi 密码？请诚实地面对自己，如果你把这些电子产品忘落在家里，你会惦记它们吗？我的一个同事给她的主管发送了一封电子邮件。因为知道他在土耳其度假，所以根本没有指望在他回来之前收到任何回复。但令她惊讶的是，在她击中邮件"发送"按钮后的 5 分钟内，便收到了主管的回复，仿佛这位经理就坐在那里随时等待回复邮件一样，大概他还真是那样做的。这也算是在度假吗？假期本应是远离工作的休息时间。然而，有些人可能需要在紧急情况下随时保持联络通畅，认为在休假期间关闭手机很愚蠢。但是如果需要保持联络通畅，为什么不把酒店的详细联系方式留给公司呢？现在，别人通过拨打手机号码与你取得联系简直太容易了。所以你需要与自己的伴侣、家人或孩子商议一下，制定一套电子产品的使用规则。

- **用棋盘游戏放松身心。**

如果你喜欢玩游戏，另一个能够分散你的注意力，不去思考工作问题的非常好的方法就是玩一种棋类游戏。与现代电脑游戏和社交媒体网站相比，棋类游戏看似已经过时，但所有年龄段的人却都能从棋类游戏中找到乐趣。市面上出售很多款棋类游戏，如强手棋、拼字游戏、棋盘问答等游戏。如果这些游戏都不适合你，我相信你总会找到一款自己喜欢的棋类游戏。我最喜欢的棋类游戏之一是拉密牌，非常引人入胜，能够给所有年龄段的人带来乐趣。因此，不妨在每周或每个月选择一个远离科技产品的夜晚，坐在餐桌旁玩一玩盘棋类游戏。忙碌一天后，玩游戏是种放松身心的极好方式。玩游戏不仅有趣，还能够分散你对工作的注意力，也是一种很好的社交方式。

- **在卫生间发送信息。**

最后，在本章内容结束前我必须说一说在卫生间发送信息的情况。老实说，你是不是习惯在上厕所时发送信息的人？过去在卫生间方便的时间起到了让人短暂休息的作用，但现在已经不再是这样了。有人告诉我（在我了解他们后）他们在上厕所时也会使用手机，人数之多，会令你感到惊讶。他们甚至在上班期间上厕所时也会带着手机，做一些与工作相关的事情。我知道这听起来很恶心，但我相信大多数读者不止一次这样做过。据我所知，人们对此有两种不同的看法。有些人认为卫生间发信息纯属浪费时间，而另一些人则认为这样做能够提高工作效率。在最近的一项调查中，年龄介于 18 岁和 29 岁之间的受访者有一半承认在上厕所时也使用手机。在厕所发送信息可能已经成为一种进化的必然结果。但在我看来，个人隐私的最后一道防线已经消失了！

第 19 章　为你的假期做好规划

没有人比刚刚度过了一个假期的人更需要假期。

——阿尔伯·哈伯德

以上的说法似乎是正确的，但事实是，我们都需要摆脱生活的种种需求，偶尔抽出一点时间休息放松。我们需要放下工作，充分休息。假期给了我们放松和充电的机会，使我们能够与伴侣、孩子和朋友共度美好时光。令人惊叹的是，风景的变化可以让我们感到神清气爽，做好再次面对工作的准备。假期能使我们重新振作起来，精神倍增，更好地承担各种工作任务。假期让我们有机会陪伴平时没有时间陪伴的人。研究表明，度假者比未度假者的幸福指数高，这是意料之中的事。

假期的魅力在于策划安排

长期以来，人们已经认识到了休息具有恢复功效。然而研究表明，度假的影响会在几天或几周内消失。大多数研究表明，精神压力和倦怠的感觉在休假期间和休假刚刚结束后会立即减轻，但在一个月内又恢复到以前的水平。这使得一些人认为假期的作用被高估了。然而假期也给了我们持久的回忆，值得我们在事情进展不顺利的时候回味一番。此外，假期给了我们一些期待，特别是处境艰难的时候。假期的魔力源于在动身之前对假期的规划和期待。我记得小时候很期待与我的家人一起度假，直到度假真正开始前都觉得度日如年。那时充满了对度假地点的憧憬，想象着各种有趣的假期活动。作为成年人，当工作不太顺利的时候，我们的压力会很大。那时只要想一想自己的假期就会令我们振奋，帮助我们熬过那一天。对假期的期待能够帮助我们应对越来越多的压力。一组荷兰研究人员开展的一项研究发现，对度假的期待在假期开始前就会对人们产生心理上的提升激励作用。他们对度假者和非度假者样本中的幸福评分进行了比较，发现前者的幸福感更强，尤其是在度假开始以前。

学术界曾研究探讨了假期对幸福和生活满意度的影响。研究结果通常表明，度假后生活满意度会下降。一些人由此认为度假就是在浪费时间，因此最好避免。要是仅仅从客观上审视这些数据，很容易得出错误的结论。可能在数据之外还有其他值得我们思考的问题。假期不仅给予我们摆脱工作和体验新环境的机会，而且让我们有时间在精神上进行反思，从更大的视角看待生活和工作；此外，假期也让我们有机会理清头绪，思考我们工作的意义："我每周工作80个小时来支付我从来没有时间使用的昂贵住房费用,为什么啊?"假期让我们有了客观公正的世界观。度假者对自己的生活和工作更加满意。工作并非生活的全部,还有很多更重要、更美好的事情。

40%的工人从来没有充分享受他们的假期权利

许多人可能会感到惊讶,英国工人在世界上享有最大的假期权利。津贴最高的前五个国家是(降序排列)英国、波兰、奥地利、玻利维亚和丹麦。津贴最高的前十个国家中,玻利维亚是唯一的非欧洲国家。法定假日最少的前五名(升序排列)国家是:美国、菲律宾、泰国、中国和加拿大。在历史上,带薪假期是一项非常现代的发明。19世纪初,带薪休息四周的想法简直就是一种疯狂的梦想。但人们的想法随着时间的推移逐渐改变。20世纪20年代,英国大多数工人享受一周的带薪休假。到了20世纪50年代,这种福利增加到两周。但在通常情况下,工人必须要在雇主那里工作满12个月才有权享受带薪假期。遗憾的是,一些临时工从来没有在同一份工作上干满12个月,因此无权享受带薪假期。

包括我在内的许多健康专业人士认为,定期度假不应该被认为是花费昂贵的奢侈行为,而应被视为一种不争的事情,生活中一种不可缺少的活动。我还认为,摆脱工作、度假休息应该成为一种强制行为。但令人惊奇的是,竟然有40%的工人不能充分享受他们的假期津贴。原因之一是有些人认为自己实在是太忙了;另一个原因是,一些工人担心他们休足年假会积压大量工作。据说，直至最近，共有400多万人未能充分利用他们的全部假期津贴，其中包括我。员工们没能休足年假的另一些原因是，他们担心在自己休假期间其他同事会在工作上受到好评，并担心在工作最繁忙时选择休假会被同事们视为缺乏工作奉献精神；有时只是因为自己对于休假没有计划，在年底几乎没有休假时间了。有些人认为，如果离职休息，工作很容易堆积起来，在他们休假结束返回公司时就要做更多的工作。一个典型的说法是："我一离开，就没有人能真正顶替我，所有一切都堆积起来等我回来再干。"

你可能已经列出了你想去游览和体验的各地名称。这个地方可能是古巴，你打算在它变得面目全非之前去游览一番；也可能打算带着孩子去佛罗里达州，在孩子们长大之前领他们去体会迪士尼世界的神奇；还可能是一次迟来的滑雪之旅。未必一定要度过一个奢侈的假期。你或许一直想在非洲从事几周的志愿工作，或是步行穿过安第斯山脉。我们都有梦想，可我担心这些梦想一直都不能成真，除非积极主动地事先进行策划。如果你没有充分享受自己的假期权利，很可能会为浪费了休假机会而后悔。我怀疑不会有人在临终时对自己说："我多么希望当时少休些假，多做些事。"我能想象到的画面恰恰相反。孩子大一些的人会认识到与家人在一起的时间是多么可贵，永远无法取代。这是度假休息对我们很重要的另一个原因。

短期休假如何？

另一个给自己充电的好方法是采取短期休假。短期休假是游览了解城市的好方法,在这期间,你可以做自己喜欢的事情,比如参观博物馆,欣赏建筑风格,静静地坐在咖啡馆或酒吧里,任凭时间流逝。对于一些人来说,可能是用一个周末的时间打高尔夫球,或在水疗中心放松。而对于其他人来说,可能是独处静修。俗话说"换换环境犹如短暂的休息"。休假几天或更长的时间有很多益处。这不仅使我们有机会摆脱工作的影响(减少了查看电子邮件的诱惑等)好好休息,也使我们有机会积极参与各种恢复活动,与家人和朋友共度美好时光,且没有工作分散我们的注意力。短期休假是非常有益的,不仅可以迫使你远离工作,也可以在精神上让你的大脑得到休息。去一个有趣的地方,会在心理上脱离工作,这真的是一个双赢的局面。短期休假会让我们感觉幸福满满,心情舒畅,充满活力,会让我们在返回工作岗位时更好地投入到工作中去。因此,雇主也可以从我们的短期休假中受益!

立即采取行动,开始规划假期事宜

在雇主那里带薪休假不是一种特权,而是一种法定权利。明智的雇主都知道,养精蓄锐的工人能够更好地发挥作用,全力以赴地投入到工作中去。从雇主的角度来思考一下,你是愿意手下员工精力充沛,热情洋溢,才思横溢,渴望工作呢?还是愿意看到自己的员工疲惫不堪,一心想要回家睡觉,对自己的工作腻烦厌倦的样子呢？这是一个连傻瓜都知道的问题。

应该怎么办

提前计划：在工作时尽快预订你的假期，要给你的雇主留出为你的离开做好安排的时间。此外，提前计划一些短暂假期，可以选择周末的时候离开，寻找特价优惠的酒店。一些连锁酒店的价格都很优惠。可以利用旅行规划网站，或直接致电酒店，不需要花大价钱入住一家高级酒店。很多不错的连锁酒店都提供特别优惠，包含儿童的免费晚餐或免费餐点。如果去探望家人或朋友，则不需要住在酒店里。

尽管偶尔纵容自己的感觉很好，但你不必为了放松身心和远离工作而住在一个顶级度假村。天气晴好时，可以去野营。许多露营地价格都比较便宜合理，环境舒适。露营也是一种很好的放松方式，可以租一间小屋。但在夏季小屋的租金会变得昂贵，除非你可以取消租赁合约。在冬季这些小屋就很难出租，业主会很乐于将小屋打折租给你。

看一看价格廉价的航空公司的机票。有时机票里包含租车和其他特殊待遇。我的一个荷兰朋友在苏格兰度过了一个漫长周末，他乘坐一次航班、租车和进住酒店的费用加在一起比伦敦一个四口之家购买剧院门票的费用还要低。

第 3 部分
工作时的减压大法

概　述

在前一部分，为了帮助你在闲暇时间放松精神，我们讨论了可用于驾驭工作以外生活的练习形式和方法。然而，仅仅是在工作以外所做的事情还不足以使你不再思考工作上的事情。在工作日中你还需要做出很多调整和改变。我们可以重新安排自己的工作日，这样工作起来会更投入，更有成效，可以更容易地在下班后不去思考工作上的事情，有利于我们放松精神。

第三部分将讲解一些可以在工作日采用的实际方法和练习形式，达到放松精神的功效。具体内容包括时间管理问题，如何应对干扰，在工作中培养良好的社交关系的重要性，以及应该定期休息的原因。这一部分还用一章的篇幅专门讨论如何更加有效地利用通勤时间。

在一些企业中，每周至少有一天在家工作已经变得可以接受，甚至受到鼓励。在家里人们不受日常工作的干扰，所以可以专心地去做某件工作。由于不用乘车上班，既节省时间，又节省费用。然而，对于在家里开展业务的员工来说，很难将自己与工作分开。因此，在家工作的员工和个体经营者在一天结束时都很难摆脱工作。经常有人问我，能否做些什么来改变这种状况。因此，本书专门设置一章内容为经常在家工作的员工提出建议。即使在工作周内不在家工作，很多员工也会在周末做一些工作。因此你会发现一些在家工作的原则也很适用。

第20章 休息的重要性不言而喻

> 工作可贵,休息也可贵。工作和休息要兼顾,不能忽视任何一个。
>
> ——艾伦·科恩

我认为可以合理地认定,在21世纪企业员工应该能够在安全可靠的环境中工作。我们无法接受员工在有偿工作中受伤或死亡。同样我还认为,我们现在有理由期望一位员工在结束一天的工作回到家时,能够处于良好的身心健康状态。在苛刻条件下连续工作的人极易使自己疲乏崩溃。任何人都不应该被工作耗尽自己的精神和体力,无法享受睡前那难得的几小时闲暇时间。当然,工作的部分奖励是在一天结束的时候有足够的精力投入业余爱好活动中,进行学习或者花时间和家人或朋友在一起。

赫赫有名的英国茶歇习俗

英国的饮茶习俗至少可以追溯到17世纪,甚至出现在塞缪尔·佩皮斯所写的日记中。1660年9月25日，佩皮斯与一些时尚富有的朋友讨论了一个下午的外交事务后写道："接着，他们派人送来一杯茶（一种中国饮品），我以前从未喝过。"

茶歇习俗的起源更难以追溯，但在上午停工饮茶的做法已经持续了两百多年了。那时，工人——特别是农场工人——在早晨5点或6点就开始工作。一些雇主在上午为工人们送来食物和免费茶水。另外一些雇主还安排了下午饮茶休息时间。随着时间的推移，特别是在20世纪，这种喝茶休息的形式最终发展成为现代茶歇习俗。令人难以置信的是（很遗憾，但这却是事实），在1741~1820年间，一些工场主和地主试图取缔喝茶休息时间，因为他们觉得休息和喝茶会使工人变得懒惰、懈怠。当今的思考绕不过这一点：我们现在知道，定时饮茶休息在一天中起着至关重要的作用，有助于员工保持积极的工作态度。在茶歇存在之前的时代，很难想象停止工作去喝茶能够成为英国文化的一部分。

休息并非浪费时间

一种应对紧张情绪的方法是定期安排固定时间坐下来休息，给自己充电。短暂休息还有其他益处：休息过后，人们的创造力往往更强，做出的决定更明智，效率也更高。因此，有时候坐下来放松一下益处很大。我们需要消除那种认为休息是浪费时间的观念。认为停止工作、短暂休息是浪费时间、毫无必要的想法不仅是错误的，而且狭隘、愚蠢，会产生适得其反的效果。有时，由于我们过于忙碌，通常也会一叶障目，因小失大。

美国励志演说家、作家厄尔·南丁格尔曾经说过："如果普通商人每天花一个小时静静地思索如何更好、更有创意地为顾客服务，而不是努力赚更多的钱，他本人和他的顾客们都会因此而更加富有。"

在做重要决定之前，先吃点心放松一下

我们的注意力的持续时间是有限的。在我们的思想开始走神之前，我们只有在有限的时间内能够完全集中精力，承担一项任务。当我们的注意力开始达到极限时，就很容易分心。在这种情况下，最容易犯错误。我们专心关注特定问题的能力因目标而异。对于平均注意力持续时间的长度评估各不相同，并存在广泛的个体差异。但是，大多数人可以维持他们的注意力约 40 分钟。有许多因素影响注意力和我们集中注意力的能力。我们的注意力会因为疲劳或饥饿程度、所处的时刻和所面临的压力而有所不同。你知道吗，有关统计结果表明，如果在一天的某个时候审案的话，被告人被释放或从轻处罚的可能性会更大？假设你是被告人，如果你的案件是在法官刚刚用过午餐后听审的，或者法官在用过早餐后所做的第一件事就是审你的案子，形势对你来说会更有利一些。

以色列内盖夫地区的本古里安大学学者和纽约市哥伦比亚大学商学院的学者在美国国家科学院院刊公布了一项有趣的研究结果。研究人员核查了法官在十个月内做出有利裁决的百分比。结果发现，法官通常会在三次不同的开庭过程中宣布判决：上午茶点时间之前，上午茶点和午餐之间，午餐后。研究人员一共对1112项司法裁决进行了核查。令人惊讶的是，他们发现在工作日刚刚开始的时候或是茶点休息过后，做出有利裁决的可能性更大，也就是说，如果法官刚刚休息，被告更有可能被假释。法官在休息后显得更为宽容的确切原因不得而知。原因可能有许多。然而，正如这份研究报告的作者们推测的那样，它很可能与血糖水平升高有关。血糖是人体细胞的主要能量来源。血糖含量通常在早上最低，尤其是在一天的第一餐前；在餐后的两小时内不断升高。因此，血糖水平在一天中不断变化，往往在餐前趋于降低。我们进食时，血糖含量就会上升。我们知道休息也有助于补充脑力，改善情绪。显然，这些发现很重要，需要广而告之。然而，令人有些担心的是，一个人的命运竟然取决于法官是否有时间在上午享用自己喜爱的蛋糕和咖啡。研究表明，在午餐时间开展放松活动的员工也表现出较少的疲劳感。

　　有些人认为，作为社会的一员，我们的注意力持续时间正在减少。他们把这种现象归因于现代技术，特别是电视和互联网。互联网页面的设置方式便于浏览器快速、轻松地从一个页面移动到另一个页面。超链接就是允许我们轻松做到这一点的一种设置。据估计，大多数用户花费不到一分钟浏览网页，并且大多数人做出关于是否留在该页面上的判断时间为 10~20 秒之间。增加注意力集中的时间是可能的，但需要训练你的头脑，进行实践练习。就像你想提高心血管健康水平一样需要不断进行锻炼，开始时练习的时间应稍短些，比如 10 分钟。如果你需要的话，可以准备一个计时器，然后专心开展一项练习活动。一段时间过后，再渐渐地增加时间长度，就像在为马拉松比赛做准备时逐渐增加你的跑步时间一样。在练习的过程中一定要有休息时间，切勿超过 40 分钟而不休息。

在散步中提出理论

不是每个人都能提出开创性的理论，但我们都需要独自去思考和反思。伟大的英国博物学家和《物种起源》（1859）的作者查尔斯·达尔文（1809~1882），习惯于每天中午带着他的猎狐小狗波利绕着自家房子的外沿走五圈。他沿途会路过一片长满榛树、桤树、椴树、角树、桦树、女贞树、山茱萸和冬青的小树林，四周由一条沙路围着，因此命名为"沙路"。对于达尔文来说，这条沙路是他进行沉思冥想的好地方。据说他的很多想法，包括进化理论，都是在这条"思考路线"上散步的时候想出来的。

匈牙利物理学家、发明家利奥·西拉德做出了许多改变人类的发明，包括提出电子显微镜、回旋加速器和核连锁反应的构想。1933 年，《泰晤士报》曾刊登过一篇介绍诺贝尔奖获得者、新西兰物理学家、剑桥卡文迪什实验室负责人卢瑟福科研成果的文章。卢瑟福在科研报告中描述了用质子轰击原子使其分裂的过程。据说，在读过这篇文章后，西拉德对卢瑟福得出的不可能利用原子分裂所释放的能量这一结论有不同看法。事实上，卢瑟福曾表示，所有认为可以利用原子分裂所释放出的能量的人都是在胡说。

西拉德痴迷于这个问题，但却无法提出一个解决方案。随后，在伦敦的一个灰暗阴沉的早晨，他在入住的南安普顿街酒店附近等待交通灯的时候，突然想到了答案。他提出了核连锁反应的概念，即向原子发射的中子会释放两个中子，每一个中子都会撞击另一个原子，使每一个原子又释放出两个中子，依此类推，便会释放出巨大的能量。

规划好自己的休息时间和工作时间

你无须成为一个出色的思想家或励志演说家，也能从白天抽出时间去思考和反思，并受益匪浅。在白天休息、放松身心如此重要。为此，必须对自己一天的时间进行规划，形成常规。在自己的办公室里这可会容易得多，因为你可以关上门，离开办公桌，甚至可以做一些伸展运动。如果你手边或距离不远的地方有茶水咖啡机，可以为自己斟上一杯。即使在一个开放式的办公场所或是在一个团队里工作，也应该能够找到休息的方法。如果自己被某个问题困住，或者感到你的注意力不集中，应该暂时离开你的工作地点。这样你会灵光乍现般地想到问题的解决方案，或者碰巧遇到的同事会帮助你解决困惑。一旦休息过了，你会感到精力充沛，时刻准备全力以赴承担手头上的任务。

休息一下，给自己充充电

在对一天的活动进行规划的时候，要为自己留出休息的时间。我们发现难于摆脱工作的人往往也不会在工作中休息；或者休息时，他们也不会利用休息时间恢复自己的精神和体力。与注意力一样，我们的精力也不是无限的。我们需要从这些方面考虑问题。我们在白天的精力或注意力都是有限的。可以将精力想象成为一个汽油罐。汽车发动机需要汽油才能工作。开车时需要燃烧汽油，这样油箱就会逐渐变空。为了在长途旅行中到达目的地，我们必须经常给油箱加油。

做繁重的体力劳动时需要体力，做脑力劳动时也需要脑力，以便有效地思考、推理。白天，我们的能量储备不断降低，需要以休息的方式为自己注满能量，补足水分和热量。因此，休息的时候不要像工作那样卖力，这是明智之举。例如，如果工作需要使用键盘，长时间看电脑屏幕，那么就不应该在休息期间上网或在线购物。这些活动不是恢复性的,还要耗费一些工作时才耗费的精力。如果在休息期间做一些同工作相同或非常类似的事情,很有可能使自己的生物系统过于疲劳,从而感到更加紧张劳累。你不可能期望一个泥瓦工在休息时间继续砌墙。

尝试短暂地休息

在美国,弗里茨和他的同事们在一次研究中证实了进行短暂休息的重要性。在这次研究中,要求214名工作在专业或文书职位的雇员(如财务、人力资源、行政和销售等职位)列出他们为了保持工作活力在何种程度上采取了一系列什么措施。

最常见的五个工作措施如下:

(1) 查看电子邮件;

(2) 换一换脑筋,干点别的;

(3) 列出待办事项清单;

(4) 向同事提供帮助;

(5) 与同事或主管交谈。

令人惊讶的是,上述这些活动都没有同活力或疲劳相关的正面或负面的自述报告。另外还要求这些受试者将他们在工作日期间所做的短暂恢复休息活动按常见程度进行排名。最常见的五个活动是:(1) 喝水;(2) 吃点心;(3) 去洗手间;(4) 饮用含咖啡因的饮料;(5) 某种形式的体育活动,如散步或伸展运动。

在这五个活动中，只有"饮用含咖啡因的饮料"这项活动与活力的关系较少。至于疲劳，则出现了稍微不同的形式。疲劳与"吃点心""去洗手间"和"饮用含咖啡因的饮料"有关。因此，这些活动与员工感到特别疲劳有关。企业员工在感到疲劳时可能仍会做这些活动。

真正有意思的问题是，哪些事情与工作活力最相关。按照相关程度大小得出的顺序依次是：（1）学习新东西；（2）关注在工作中给予我快乐的事物；（3）设定一个新目标；（4）做一些会使同事高兴的事情；（5）找时间向与我一同工作的人表示感谢；（6）征求意见；（7）思考自己如何在工作中产生新的影响；（8）反思工作的意义。有趣的是，这些策略可以根据概念分为工作中的学习、人际关系和工作意义三大类。唯一与活力负相关的工作策略是"遇到问题发泄一下"。因此，跟同事发牢骚减压不会增加活力。事实上产生刚好相反的效果。

在感到疲劳之前，我们所付出的努力程度都是不同的。需要休息和恢复的时间显然也存在着个体差异。然而，我们所有人的共同点是都需要维持自己的工作活力。人们在疲劳的时候，有可能或修改恢复方式，因为咖啡因有兴奋作用，疲劳时人们可能会而喝更多的咖啡。但研究表明，这不是一个好习惯，因为喝太多的咖啡因会干扰睡眠，从而进一步导致疲劳。一般来说，时间更长或更频繁的休息对健康益处最大，可以缓解压力，减少工作相关的事故和伤害的发生。反复休息10分钟，中间稍微活动一下，也可以减少疲劳，愉悦心情。

你的电脑鼠标携带的细菌比普通马桶的细菌多 3 倍

最后警告一句：在你的办公桌上吃午餐并不卫生，尤其是当零星的食物落入你的键盘时。一项研究结果发现，工作场所是滋生有害细菌的温床。电脑鼠标携带的有害细菌平均比马桶多 3 倍！男性员工显然是罪魁祸首，因为他们鼠标上的细菌比女同事的鼠标上的细菌多 40%。现在人们在办公桌上吃东西是很普遍的现象。有些人还会在吃饭的时候继续打字，或者吃完饭连手都不洗就继续工作。因此，不该在同一个地方待上太久，桌面和电脑配件上的细菌会对健康构成威胁。

吃饭时尽可能离开你的办公桌。远离书桌吃午饭的利大于弊。应该养成离开工作场所的习惯，哪怕只有半个小时。站起来，出去散散步。如果不能出去，就在办公室里走动走动。如果附近有公园，就去散散步，或者找一个安静的长椅坐一坐，享用自己的午餐。这样做，你会发现你的头脑会更加清晰，下午工作时更有效率，不容易疲乏。

第 21 章　养成随时放松的习惯

即使你讨厌长久形成的日常生活,想要离开它却是一件难事。

——约翰·斯坦贝克

50% 的员工每天在通勤的路上要花费 90 分钟甚至更多的时间!

在理想的世界里,我们可以将 24 小时工作日分成三等分的时间：8 小时工作,8 小时休闲活动,8 小时睡眠。如果生活真的那样安排得井然有序、条块分明该有多好。我们大多数人通常将"自由"时间中的很大一部分时间花在了上下班的路上。2013 年发布的一项研究表明,英国员工平均每天在通勤上班的路上花费 41 分钟。这只是平均值,并不能真实地反映某些极端情况。这项研究还表明,多达 184 万的英国人需要在上下班的路上花费 3 个小时或更多的时间。这样在一周的时间内,这些"超级通勤者"

就要在往返工作的路上花费整整一天的时间。

值得注意的是，在过去五年里，需要在通勤上班的路上花费90分钟或更多时间的通勤工作者数量激增了50%以上。显而易见，会计师的日常通勤时间最长，为75.6分钟，其次是IT工作者，为65.6分钟。IT工作者平均行程为38.5英里，而健身俱乐部员工的行程最短，仅为12.6英里。这可能反映了他们的工作时间，从清晨工作到深夜是休闲行业的工作常态。

当今，大多数人都会去往工作地点办公。第25章将讨论如果在家工作，如何摆脱工作。对大多数人来说，通勤是他们一天中不可避免的一部分，有时可能会相当紧张。经常会发生交通堵塞，火车和公共汽车内往往拥挤不堪，有时在高峰时间晚点。当我问人们何时能够放松下来，大多数人会说，直到进入家门才会放松下来。在这一章中，我希望你采取不同的方法，不仅在回家的路上放松自己，在工作中也要如此。这样做看似违背常理。你或许会认为这样做会影响你的工作效率。但有关研究表明，在自己的闲暇时间里能够在精神上摆脱工作的人在工作中会更加投入，工作效率更高。如果你通勤前往工作地点，那么在你的家和工作环境之间便形成了一个天然的界限。思考一下这两种环境。你的工作地点是你工作的地方，你的家是你休闲放松的地方。你的工作通常由外力控制（例如截止日期等），而理论上你在家里则享有更大的控制权（尽管我们都需要承担一定的义务）。但是如果你不在心理上脱离工作，那就好像没有离开你的工作地点，实际上仍在工作一样。你需要调整自己的状态，制定一套简便易行的放松方法和惯例，让自己真正放松下来。你需要在工作地点和家庭生活之间建立一个心理界限。

养成放松习惯

详细讨论放松习惯之前，我希望你首先考虑自己通勤回家的路程，从你离开办公室或工作地点开始。写下你回家的所有步骤。你通常都会怎么做？是轻松地走出办公室，上汽车、火车、公共汽车还是自行车？如果骑自行车，是否需要克服繁忙的交通？如果需要赶火车或公共汽车，你是否需要匆匆赶往公共汽车站或是火车站？如果自己开车，开车回家会给你什么感觉？你开车的时候，头脑是否仍在思考工作，是否会想到你当天参加的会议，想到由于开会必须做额外的工作？或许你为自己在工作中说过的话感到后悔，心里一直在想着这件事。你是否会因为交通阻塞而开始咒骂并感到沮丧呢？

很多行为都可以帮助我们放松。但我们需要做出某些行为，并养成一个习惯提醒大脑一天的工作已经结束。现在的时间完全属于自己，没有人花钱雇我，因此是放松的时候了。在这个练习中，我希望你开始规划让自己放松的惯常做法，做一些你可以经常做的事情。以下是我设计的"远离办公室的习惯做法"。但养成适用于自己的习惯很重要。养成以下三种帮助自己放松的习惯可能更容易：离开办公室的习惯，通勤回家的习惯，到家后该做些什么的习惯。一旦养成了这些习惯就可以把它们组合在一起。但是简单地规划一个放松习惯仅完成了第一步。下一步就是亲自实践。你这样做得越多，就越容易养成习惯。我们知道，习惯是很难改掉的。这样做，你会在工作结束的时候使大脑放松。如果在离开工作之前就开始按着章法这样做，就会向身体和大脑发出信号：是开始放松的时候了（现在是属于我自己的时间）。

在下班前就要开始放松

工作结束时的习惯

什么时候可以开始做一些让自己放松的事情？你可以在工作未结束的时候就开始。快要下班的时候，做一些特别的事情，告诉大脑一天的工作即将结束。如果你在办公室工作，可以开始整理你的书桌；如果做手工工作，可以收起自己的工具。有些人会列出第二天需要做的工作，但我个人并不认为这样做有用。我的列表内容不断变化。所以我一整天都会在列表中添加工作。你可能需要清洗一个茶杯或大玻璃杯，也可以在下班结束时处理某种类型的任务，例如写出参考文献或备份文件等。

以下是一些放松自己的惯常做法：

清理桌子上的文件，用碎纸机毁掉重要的文件，放进回收箱里。关掉笔记本电脑,将其从扩展坞上取下,放进文件柜里锁好。将杯子清洗后擦干,整齐地放进办公桌的抽屉里。确保加热器的插头已被拔掉,窗户已经关上,花花草草不需要浇水。关闭电灯,关门后上锁。

这是我自己惯常用来放松的简单做法。

在一天的工作结束时,有些人发现将所有东西摆放好益处很大。整洁干净的工作环境有利于第二天开展工作。令人奇怪的是,收拾整理办公桌或工作场所有助于帮助我们保持清醒的头脑。

回家路上的习惯

对许多人来说,通勤回家就是一种达到目的的手段——他们只是想尽快回家——在某些方面,这对我们大多数人来说都是如此。当你辛辛苦苦工作了一天后,自然会想尽快回家,把脚翘起来,坐在家里好好休息。在某个层面上,这完全是可以接受的。但我也认为我们错过了一个机会。让我们思考一下人们下班回家的方式。你经常能够看到人们匆匆忙忙地走出办公室,奔向他们的车,或赶去乘坐火车或公共汽车。不可避免的是,公共汽车会迟到,然后他们开始抱怨,变得紧张不安。一旦公共汽车到达(通常一次会来两辆),人们便开始争抢座位。乘坐火车也会出现这种现象,为了找到座位沿着站台快速奔跑。如果开车上班,在下午5:00至6:30之间开车回家通常是在路上行驶的最糟糕的时间。虽然这个时间段并没有被称为"高峰时段",但讽刺的是,在城里开车的人根本无法快速行驶。2013年5月对高峰时段的车速调查发现,位于伦敦南部南沃克的牙买加道在上午8:00至9:00之间的平均高峰时速只有每小时0.08英里。据计算,普通行人的步行速度要比这快上40倍。这种情况造成的影响,特别是对环境造成的影响,是惊人的。同时也令人相当担忧,在人们往返工作的路上浪费了多少工作时间呀!

  刚到家的时候,人们会感觉到和工作时一样的紧张感。回到家里非但没有让你恢复精神和体力,反而因为通勤回家让你感到日常压力更大。努力工作了一整天已经使你劳累不堪,开车回家还会增加你的疲劳,让你感到更加懊恼。如果通勤回家不够顺利,会进一步消耗你的体能,让你感到压力更大。因开车回家而产生压力的人们在走进家门时,在精神上和心理上平静不下来,自然会开始考虑工作中糟糕的一天和开车回家的各种不顺。此时,你需要开始将自己从工作和开车回家途中的各种不如意中解脱出来。人们到家后放松精神所需的时间各不相同。一些人可能仅需要几分钟,而其他人可能需要单独待半个小时,然后才能开始与伴侣或家人进行交流。在这段时间内,他们会坐下来,也许喝一杯咖啡、啤酒或葡萄酒,尝试独自进行放松。

  我接触过的一个人说,他发现将自己从工作状态调整到家里的状态特别困难。他在一个快节奏、高压力的环境中工作,负责做出财务上的重要决定。每天晚上回家后,他发现很难调整自己的节奏让它与自己的家人保持一致。他将自己的情况比作开车，以类比的方式做出了很好的解释。回到家的时候，他的大脑仍在思考工作，高速运转。他说这就像在高速公路上以每小时 90 英里的速度开车，然后突然把他的速度降到每小时 10 英里，仿佛自己驾车到了学校附近一样。在他到家的时候，他的头脑仍在全速运转。但他的孩子们只是希望他成为他们的爸爸，需要有人给他们读故事，陪他们看卡通或做一些着色游戏，或只是和他们一起玩耍。但他发现很难降低自己的思考速度去适应较慢的速度。他的大脑仍然过分专注于工作，没有利用环境的变化让自己分心。我们在接触过程中探讨了从下班前的最后一个小时开始放松的做法，这样他就不会在离开办公室后仍以极快的思考速度回家了。

让"通勤回家"为你效力

为什么不利用下班回家的时间来调整自己，将其作为一个从工作到家庭的过渡呢？不要把通勤视为一种不便。既然无论如何你必须通勤，为什么要让自己感到有压力呢？利用通勤使自己受益的方法有很多。我的一个朋友在伦敦工作，为了避免交通高峰，他早上很早就上班，所以他可以在下午 4 点离开，以错过高峰时间。因为地铁在那个时间段相当闷热，所以他通常选择乘坐公交车，那时车里乘客特别少，比较安静。乘坐公交车回家花费的时间可能稍微多几分钟，但是他喜欢这种方式，尤其喜欢在回家的路上向窗外眺望让自己放松。

如果你的工作时间很灵活，或是必须在某段时间内进行工作，为什么不试试这个方法呢？在找到奏效的方法之前你需要进行一些规划，虽然有些麻烦，但绝对值得。我的这位朋友早上很早开始工作，下午4点下班。在其他同事到达公司之前他可以在没人干扰的情况下专心完成很多工作。他还发现，因为大家都知道他已经干了一整天的工作，所以没有人会在下班的时候期待他再多干一些工作。他的这种做法还有效地带动了他的同事。显然，这是一种双赢的局面，因为他和他的雇主都会从中获益。在极少数情况下，他会在非常重要的截止日期到来前加班完成工作。

如果你乘坐公交车辆上班，也可以明智地利用这段通勤时间。早上，你可以在上班的路上开始工作，但不要过于繁重。你可以慢慢地让大脑运转起来，为一天的工作需求做准备。你可以把它当作运动员在比赛前的热身，到达公司后，便能旗开得胜，积极地做到最好。同样，在回家的路上，你可以利用通勤时间进行放松，尽量避免查看电子邮件或接听电话。如果你有手机或笔记本电脑，可以积极地利用这项先进的技术。给自己的朋友和家人打电话，听你喜欢的音乐，或者用笔记本电脑看一部电影；你也可以玩游戏，如纸牌游戏、拼字游戏、下棋，或任何新潮的游戏项目。有些人更喜欢用平板电脑或电脑阅读。为了放松身心，不管我们玩什么游戏或听什么都不重要，只要这种活动能帮助我们在回家的路上放松即可。

如果你是前面提到的那些"超级通勤者"之一，在回家的路上一直在玩游戏则有些浪费时间。如果通勤路程需要一个小时或更长时间，尽量提前离开公司，但一定要在离开之前大约 40 分钟内完成工作任务，然后利用剩余的时间进行放松。无论在工作中一直在做什么，我建议你暂时换换脑子，也就是切换到需要不同资源的任务。例如，如果你长时间盯着电脑屏幕，可以听一些音乐或向窗外眺望；不要再做任何需要盯着屏幕的活动，如玩游戏或看电影。因此，应该换换脑子，放松一下。

如果在你开车回家的途中路过一片树林或是某个风景野餐区，为什么不在那里停下来呢？尽可能停下来花点时间散步，放松思考。你可以运用第 17 章讲过的一些正念技巧。例如，敞开你的感官，融入周围的环境中，倾听鸟的叫声，风中树木的沙沙声，脚下树枝的断裂声，小溪泛起的涟漪声等等；留意空气中弥漫的各种气味，比如你呼吸新鲜空气、花的芳香；感受肌肤的冷暖。你可以自己决定每天一次或是每周一次采取这种方式排除压力。在市区内你可以找个公园，甚至是咖啡馆、酒吧或图书馆，坐下来思考和反思生活。选择哪里都无关紧要，关键是要找到一个地方让自己可以放松。或许每晚都这样做不太可能，尤其是在冬季，但可以尝试每周一两次，看看这样做是否有帮助。

到家时的习惯

你回家后都做些什么呢？是否会跑到楼上换衣服，冲个淋浴或长时间盆浴？是立刻吃晚饭还是会再等一会儿呢？如果你有伴侣或孩子，你会坐下来和他/她聊你一天的工作，或是与你的孩子互动吗？如果天气晴朗，也许你会走进花园。也许你回到家里做的第一件事就是登录查看你的邮箱，看一看在你离开办公室后是否收到了新邮件。

与离开办公室和通勤回家的习惯相似，你需要培养一个"到家后马上就做某事"的习惯。不要总想查看电子邮件。如果你开始回复，会在很多方面给人留下错误的印象——你无法控制自己的想法，并不真正珍惜自己的闲暇时间或家庭。一旦你在工作时间之外开始回复电子邮件，这将开创一个难以停止的先例，因为人们会开始期待你的回复。记住，你需要让你的同事知道，你不是7天24小时随时待命的人。你的生活包括工作，但工作并非是生活的全部，你需要让别人知道你对两者都很在乎，绝不会让一个取代另一个。在一周中的哪个夜晚开展自己的放松实验由你自己决定。但我建议你在周末规划好自己的放松活动，或至少在付诸行动的前几天制定好放松计划。

如果你有伴侣或孩子，你可能需要修改你的在家放松活动安排，以适应不同的日子和其他人。你的伴侣可能在某个晚上需要你去接她/他或是需要用车，你的孩子可能有放学后的日常活动，你需要适应这些状况。例如，如果你需要在某一时间接孩子，最好早到20分钟。期间你可以喝茶或咖啡，阅读文件。你可以利用这段时间反思一天的工作。无论决定做什么，你必须以轻松的方式去做。一定不要使用这额外20分钟左右的时间去写一份报告，那样做的话你会耗尽这段时间，感到沮丧。如果你在非常忙碌的一天结束时有几分钟的空闲时间，你可能会发现白天工作更有效率。你会用这20分钟时间为自己做些事情，奖励一下自己。

我接触过的一些人都喜欢到家后独处几分钟。当然，在你这样做之前，你需要获得家人的支持和同意，否则他们可能认为你很自私。如果你的伴侣整天都在照顾孩子，也需要像你一样进行休息，你最好首先得到家人的支持和同意。然而，如果你有10～15分钟的放松时间，你可以在最喜欢的房间或在花园里的一个好地方（天气允许的话）坐下来喝一杯茶或咖啡，不再思考一天的工作。这对你来说将是最有益的。如果你的伴侣在家，可以和她/他一起用几分钟时间聊聊一天的生活。但这种情况对于夫妻双方都参加工作，不能同时下班的人来说很难办到。当然，这是一个协商和妥协的问题。你需要与你的伴侣或兄弟姐妹讨论你的放松休息习惯。重要的是，把一切能够让你想到工作的东西收起来。将公文包放在休息室里，将工作用的笔记本电脑放在显眼的位置只会让你去思考工作上的事情。我甚至认识一些这样的人（我本人也这样做），他们有两副老花镜，一副工作的时候佩戴，另一副在闲暇时间佩戴。这种做法听起来很极端，但确实管用。你可以洗个澡，或者干脆把你的工作服换成更舒服的衣服。10～15分钟后，你便可以享受余下的晚间时光。那时你已准备好更专心地研究一天的问题。辛辛苦苦干完一天的工作后，最糟糕的情况就是，在你刚踏进家门，自己的伴侣就提出一大堆苛刻的问题，或者让你面对着一天里让人头痛的事情。尤其当你只想放松休息的时候。此时最不宜讨论重要问题或是发泄自己的情感。这些事情最好是在晚上稍晚的时候解决，那时你们都已从工作的压力中解脱出来，感到轻松自在，可以心平气和，更有条理地讨论问题。如果你偶尔需要在晚上工作，一旦你遵循了放松习惯，你会发现工作效率会更高，与以前相比，工作更加投入专心。当然，我不建议你养成在晚上工作的习惯。

准备一下尝试不同的解压放松方法，准备随时对这些方法略加改变，尤其在冬季和夏季。如果你有一个花园，可用它来帮助你放松身心，忘掉工作。我们采访过一个人，他说在夏天周五晚上回家后，他总是去修剪草坪。他说这是释放压力的一种习惯，这种做法可以让自己知道周末已经到了。他喜欢自己的花园，因为花园在他的减压放松过程中发挥了很大作用。他经常提醒自己修剪草坪是为了让自己放松。因此，在周五晚上修剪草坪已经成为他在夏季减压放松的习惯。如果你没有花园或不擅长园艺，那也没关系；重要的是培养适合自己的减压放松习惯。

什么时候开始从精神上脱离工作？

大多数人在临近周末的时候开始在精神上放松自己。我们的大脑似乎在不知不觉中让我们为此做好了准备。我们在研究企业员工在工作周期间如何放松的时候,发现人们对工作问题想得更多了,每周刚开始比一周中其余的日子更难摆脱工作,放松自己。周一到周四晚上的闲暇时间,人们最难摆脱工作、放松自己(参见下图)。周五晚上,人们开始自然地放松下来。通过研究发现,人们在周六晚上对工作思考最少,尽管也有很多人在周末大部分时间仍在考虑工作。到了周日晚上,大多数人开始再次考虑工作。企业员工们经常说,周日晚上是他们睡眠质量最差的夜晚。

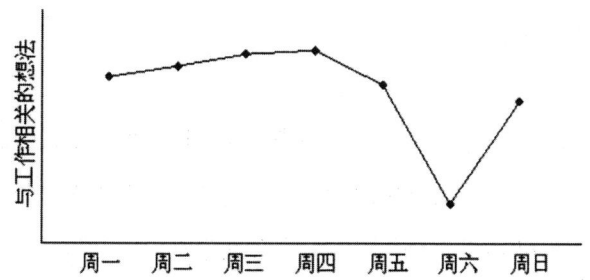

图1　整个星期晚上对工作问题的思考情况。在英国和其他欧洲国家,每周工作五天的企业员工都表现出上述走势。

你可能会注意到,在有些日子里你会比其他时候更能放松自己。记下你在这几天白天和晚上所做的事情,看看你是否能把自己所做的一切结合起来,帮助自己在其他晚上放松一下。一旦成功地养成了一个你习惯遵循的放松过程,你会惊讶地发现每天早上会感觉到多么精神焕发,工作时精神饱满,干劲十足。亲身实践越多,就会越早地习惯在闲暇的时候自然而然地放松自己。

第 22 章　拒绝外界干扰

> 我从中获得了太多的乐趣，欲罢不能。
>
> ——杰夫·林赛

你有没有在电视上看过肥皂剧或迷你连续剧？是否注意到在片尾音乐响起、字幕开始滚动之前，剧情总是以扣人心弦的情节结束？剧中人物要接吻了吗？丈夫会回家发现他们吗？这个人会活下来吗？几乎所有的节目制作者都会这样想，并且理由很充分。一些未完成的东西往往会停留在人们的脑海，挥之不去；而完成的东西则不会在人们的头脑中留下深刻的印象，因此，完成的任务很容易被遗忘。

未完成的任务停留在人们的脑海，挥之不去

你听说过蔡格尼克效应吗？在心理学中，这是指人们对未完成或中断的任务的记忆胜过对已完成任务的记忆。布尔玛·蔡格尼克是俄国心理学家，师从库尔特·勒温教授。勒温在餐馆里注

意到，服务员可能记得那些未付的账单，但很快就忘记了那些已经付款的账单。蔡格尼克进行了一系列实验，打算在实验室条件下复制和解释这个新发现。在一组研究中，她要求受试者完成一系列的小问题或任务。例如，必须组装一个纸板箱。当受试者们正在努力完成任务的时候，她让一半的人停了下来，而另一半人则在没有干扰的情况下完成了任务，因此，一些人完成了任务，而另一些人没能完成任务。但有趣的是，当后来要求他们回忆和说出不同类型的任务/问题的名称时，完成任务的受试小组与那些在他们试图完成任务时被中断的受试小组相比，回忆起的任务更少一些。事实上，未完成任务者（在努力完成任务期间被打断的人）比完成任务者多回忆起90%的任务。对这种效应有的解释也各有不同。它可能与紧张感减轻有关。如果我们能够更好地记住没有完成的东西，那么从进化方面来说可能是有利的。值得注意的是，我们发现在那些难以摆脱工作、下班后无法放松自己的人身上也存在类似的效应。我们发现，人们易于反复思考未完成的工作，而对于已完成的工作则不会。举个例子，尽管有些人可能不会把工作带回家，但是他们在空闲时间里仍会思考工作问题，特别是会考虑一个未完成的项目。

萨拉说："我回到家后仍会思考工作，可能是思考一些尚未结束的工作，或者总是对尚未收到的信件充满期盼。总之，回到家后我会去思考诸如此类的事情。但就取得的实际效果而言，这样在家冥思苦想根本无济于事。"

如何停止思考工作？

你可以采取一些关键措施来减少受工作中未完成任务影响的机会。第一步是确定原因。为此，花几分钟时间反思并写下你为什么在工作中未完成任务。是因为自己不擅长管理时间吗？还是因为自己无法推辞而承担了太多的工作？是因为给你分配的工作太多，还是因为自己在完成工作的过程中经常心不在焉或被人打扰？

我的目标总是在变，因此根本无法实现目标

我知道你在想什么，因为我经常听到人们这样说，"我的工作在不断变化。每当我完成一个项目，另一个项目就开始了。"或者，"在任何时候，我都要同时忙 8 个或更多的项目，所以我怎么可能完成全部项目呢？"我同意，但是也有很多人和你们一样整天忙于工作，在晚上仍能轻易地从工作中摆脱出来，放松自己。在工作日或工作周结束的时候，仍有一些项目或任务尚未完成，这种情况是不可避免的。如果你很容易因此受到影响，那么你便需要采取行动。

首先，你需要改变试图一次完成所有事情的心态。接下来，将自己手上的项目分解成小型任务，尽量在晚上下班之前完成特

定工作量。如果没有完成，就要在一天即将结束的时候分析没能完成特定工作量的原因，并调整第二天的工作目标。最后，尽量不要在临近周末的时候承担大任务。那些难以摆脱工作、放松自己的人，一旦同工作相关的想法被触发，特别容易担心、思考未完成的任务。每当你完成一项任务，就要将其从自己的工作清单中划掉，并对自己出色地完成了一项任务暗自庆祝，随后它便会从你的大脑中消失。

应对他人干扰

很多因素都可能导致任务没有完成：在可用的时间内做太多的工作，缺乏规划和组织能力，缺乏训练或能力不够。未完成的任务并不一定意味着未完成的项目。它也可能是工作中一个未解决的冲突或争论。在友好的工作环境中与能干的同事一起共事是件好事。同事偶尔来喝杯咖啡或打电话聊聊天也很不错，但是，不断地受到外界干扰会消磨我们的时间，可能会使我们感到愤怒和紧张。这一切都会增加我们的心理压力。有时，人们打断你是因为他们需要一条信息，向你请教要比他们自己找更容易。而你最终会以牺牲自己的任务为代价，帮助别人完成他们的任务。我们在研究中发现，有些人不介意被别人打断工作，但许多人介意。因受到外界干扰而没有完成工作使人们更难以放松自己，因为未完成的项目总是在他们的脑海中挥之不去。

记住，你的时间是宝贵的。一些有关管理时间的书籍建议我们应该把时间当作一种商品或货币。但是我不同意这种观点。有了货币，你总是可以尝试获得更多，但时间一旦逝去，便永远回不来了。你无法让时光倒流。如果一个同事想和你聊聊也无妨，只要这样做不打扰你，就和他聊聊吧。他们正在占用你的时间，正在阻碍你完成任务。因此不能让占用你时间的人控制你。

你需要诚实地告诉自己是否喜欢受到他人干扰。如果不喜欢，你可以运用很多方法来减少由于受到干扰而失去时间的次数。你可能需要变得更加坚定而又不要显得蛮横。例如你可以说，"我可以这样做，但现在不行，因为我承诺乔在今天下午5点完成这些工作。"应对他人干扰的实用方法参见下表。

应对他人干扰的方法
办公环境下
将手提包或文件放在椅子上，以阻止他人坐下来。
提出红、绿时间策略。"绿色"允许他人打扰，但"红色"意味着"请勿打扰"。
关闭电子邮件、手机、网络电话，在需要集中精力工作的时候断开座机。
你的姿势
不要与他人有目光接触，专注于你的电脑屏幕或你正在做的任何事情。
手里握支钢笔或铅笔，表示你很忙。
站起身，走出你的办公室。
告诉他人你正在忙（要有礼貌，并表示一旦你完成眼下正在做的项目/任务，你就会去找他）。
不要害怕设定限制。可以和打扰你的人说你有5分钟的时间，在5分钟内务必完成这件事（但想先喝杯咖啡，然后赶出进度）。
在心里记住谁在工作中打扰了你，你或许会发现某个人占用你的时间比大多数人多。

第 23 章　工作上的时间管理

没有计划的目标只是一个愿望而已。

——安东尼·圣艾修伯里

如前章所述，时间是生活中我们买不到的东西。我们可以买花哨的衣服、手表、汽车和房子，但我们买不回时间。一旦时间流逝了，就永远回不来了。如果你错过了孩子的成长，错过了他们上学的第一天和第一次表演的校园剧，你永远不会再有机会重新体验。我们都以不同的方式管理自己的时间。我们大多数人都会认为自己相当善于管理时间。但我相信如果我们详细分析自己一天的生活，大多数人都会觉得在时间管理上有改进的空间。我不想完全痴迷于时间，但是，我们大多数人可以更好地管理我们的时间。我不想谈太多关于时间管理的细节（有专门讨论这个问题的书籍），下面我要讲一些大多数人认为有用的方法。

我读过很多时间管理方面的书，它们都介绍了一些提高效率的方法。然而，其中的一个问题是，一旦我们提高效率，便很容易陷入陷阱，承担更多的工作。不知不觉，你又回到了以前的工作状态，感觉完全被工作困住了。关键在于按时完成适当的工作量，拒绝其他要求，让自己在空闲时间里做自己想做的事情。腾出你的时间，专注于那些让你得到个人满足的事情，这会让你的工作更有效率。

第一步是看看我们的时间利用情况。请看下面的表格，可以用大一些的字体将其抄写到一张纸上。在左栏中写下你平时在工作中利用时间的方式。然后，在右栏写下你利用自己大部分时间做事的最理想方式。想想你的时间是如何度过的，哪些任务对你和你的企业来说真的很重要。下一步（见第二个表格）要写明你如何花费更多的时间做自己想做的事情，做那些推动企业向前发展的事情。由于篇幅限制，我只留下 5 行供你填写，但你可能会发现你需要更大的篇幅填写内容。

填写下表，说明你当前利用时间的方式以及你认为利用时间的理想方式。

实际的时间利用情况	理想的时间利用情况
示例：出席自己没有必要参加的会议	
示例：花费太多时间阅读电子邮件	致力于推动公司发展的创意项目
示例：将时间花费在没有意义的事情上——这些事情对你或企业没有任何意义	培训员工

将你的实际利用时间的情况复制到下表中，然后决定你可以采取哪些措施或做法腾出自己的时间，将其用在重要的事情上。

实际的时间利用情况	如何改善自己的时间利用情况
示例：出席自己没有必要参加的会议	只参加自己确实需要参加的会议
示例：花费太多时间阅读电子邮件	在企业内部制定一个政策，要求人们不应该在完全没有必要的情况下，不假思索地查看阅读邮件
示例：将时间花费在没有价值的事情上——这些事情对你或企业没有任何意义	确定那些你可以轻易放弃、取消的事情

另一个需要养成的好习惯是对自己一天的工作进行规划。这听起来很简单，但令人惊讶的是，有太多的人在白天没有遵循一个明确的工作计划。列出工作清单是一个行之有效的好方法。将已完成的工作从列表上删除会使人感到非常欣慰，但是需要为清单表上的每一件工作留出充足的时间。有时，如果项目很大，不可能在一天内甚至一周内将其完成，你需要将其分解为若干份小型任务。不要指望在一天内完成所有工作。将每个工作分解成多份易于管理的小任务，在心理上对我们有益。一旦我们将其从工作列表中划掉，就会获得一种成就感。我们通常不会去反复思考

已完成的工作。因此，下班后我们就不会再去思考工作了。记住，在对一天的工作进行规划时，务必留出让自己休息的时间。

自欺的感觉

我以前讲过，人们不能摆脱工作的原因之一是他们总是在不停地工作。他们将大部分可用的休闲时间花在了工作上，要么是体力工作，比如写报告、回复电子邮件或处理信件，要么是脑力工作，比如对工作或与工作有关的问题进行思考。我遇到的另一组人是那些一心忙于工作的人，他们在下班后仍继续思考或担心与工作有关的问题，但很少采取措施直面问题。值得注意的是，在一些研究中我们发现，那些说自己无法摆脱与工作有关的想法、抱怨紧张、劳累和疲乏的人，实际上比在闲暇期间可以摆脱工作、充分放松的人工作时间少（并且生产力更低）。原因有很多，但他们认为自己长时间工作的一个原因是不断地思考工作。他们对需要做的事情总思来想去，欺骗自己，让自己产生已经做了很多的工作的错觉，但实际上自己并未做那么多工作。当我们更深入地了解实际工作情况时，发现一些无法摆脱工作影响的人工作效率较低，因为他们的思想总是走神，无法专注于一个特定的任务。有时候只要不成为习惯，为了以后不再想它，多干一个小时完成工作可能更好一些。

采取行动

用行动治愈恐惧，停止思考工作。恐惧是反复思考工作背后的驱动力。等待反而使人们紧张忧虑。人们常说，走上舞台之前的几分钟对于大多数表演者来说是最可怕的。每当演员们等待上台时就开始担心出错、忘台词，而舞蹈演员可能会担心摔倒或忘记某个动作。一旦上台开始演出，这种恐惧立即消失。我们在大部分工作中，不必表演，除非我们进行汇报演示。在研讨会上最后一位发言的人总是比第一位发言的人更紧张，表现较差。为了对抗恐惧，应该停止思来想去，立即采取行动。不要推迟拨打电话，不要等待完美的报告浮现在脑海。立即开始写作，开始采取行动。行动——如果采取恰当的行动——能够增加和建立信心，对抗恐惧；而不作为则会使人心生恐惧。

每次只做一件事情

简单的事情只要能迅速做完，就不要往后拖。每一天或每周腾出一定时间专门处理那些小而重要的问题，一旦处理完，它们就会从你的工作清单和头脑中消失，让自己有更多的精力去关注其他问题。在看电视或吃饭的时候，你是否曾经想过，"我明天必须打个电话""我必须做这样那样的事。"一旦这样的想法浮现在脑海，便会一发不可收拾。

同时进行多重任务

我们的工作记忆容量和注意力持续的时间都是有限的。我们能够关注的事情只有这么多。与我们有时了解到的相反，没有那么多人可以真正地同时做多件事情。这样做需要注意力快速转换，会让你疲惫不堪、充满压力，而且效率极低，徒劳无益。据报告，女性同时做多件事情的能力强于男性。然而研究证实，女性比男性更容易患紧张性头痛。据说（尽管这种说法可能不适用于每个人）这种头痛是由于不断地将注意力从一件事情转移到另一件事情上。同时做多件事情需要一心多用，有条不紊。

周一早上的小组会议

尽量避免在周一早上举行团队计划会议。但很多企业都这样做，回顾他们前一周所做的事情，明确哪些项目已经完成或者没有完成。这样做的缺点是，人们会在周日，尤其是周日晚上，开始考虑周一早上的会议。因此，很多人在周日晚上睡不好觉。对在工作周及周末的睡眠质量和疲劳程度进行的研究一致表明，人们在周末过后立即显示出最差的睡眠质量和最高的疲劳程度，这些研究结果认为周末有益于人体恢复的观念恰恰相反。此外，越来越多的文献表明，在周末之后，企业员工经历一系列心理健康问题的风险显著增加，包括抑郁症、自杀和身体问题。更具体地说，患心血管系统疾病的相关风险会有所增加，包括高血压、中风和心脏病发作。一种理论认为，周一早上有患病风险的人在周末都没有得到充分的放松和恢复。

放慢自己工作的速度。要意识到，关键不在于你的工作速度有多快，而在于你取得了什么成果。效率似乎与速度成反比，或者反过来说，速度与效率成反比。除非你从事计件工作，能够从自己多生产的产品中得到报酬，否则快速工作的结果便是分配到更多的工作。

第 24 章 划定社交界限

这么多年的幸福终于使我们认识到,拥有一些使幸福变成现实,并与我们一起分享幸福的朋友是多么幸运。

——罗伯特·弗雷德里克

丽萨·伯克曼和伦纳德·赛默曾经在加利福尼亚州阿拉米达县开展过一项为期九年的开创性研究,探讨了社会关系同死亡率之间的关联性问题。他们对大约 6928 名受试者的朋友圈展开了调查研究,并将受试者分为三组:朋友多的为一组(社会支持率高),朋友少的为一组(社会支持率低),中间的每一组。在为期九年的跟踪调查中他们发现,一开始就坦言社会人脉不旺的受试者在这九年当中死亡的可能性较大。最孤独的人死亡的风险更大。事实上,在不爱社交的孤独者中,男人和女人的死亡风险分别增加了 2.3 和 2.8 倍。也许患有疾病者一开始社会联系就比较少,因此调查结果不是特别明朗。不过,这项研究也表明,社会接触与死亡率之间的关联性同一开始受试者自己描述的健康状况有关。

进行社会交往是人的一种天性。有些动物天性孤独，但人类由于种种原因已经进化为社会性动物。虽然也有明显例外，但大多数人喜欢同别人在一起相处。我们在家庭、工作和各种活动中体现出这一点。结伴抱团是人的天性。

上面援引的罗伯特·弗雷德里克的语句含义丰富。亲密的人际关系是对抗压力的良方。我们从心理学的文献中了解到，建立相互信任的亲密友谊不仅有助于我们应对压力，而且还能够防止出现压力。这是如何做到的呢？如果在工作中遇到了问题，朋友可以在情感上帮助我们。知心好友或同事会让我们镇静下来，劝我们不要在意；或者同意我们的看法，也认为确实出现了问题，应该着手去解决。朋友们还可以帮助我们解决实际问题。我们也许在某件事情上需要帮助或者需要借助一些设备。例如必要时朋友会把钱借给我们。如果我们对工作中有人说过的话感到愤愤不平，为之烦恼，开始受到不良影响，总是难以释怀，朋友会站出来让我们打消顾虑，避免事情发展到不可收拾的程度。好朋友能够使我们明白事理，不鲁莽行事，免得后悔。这些体现出友谊的善意举动有助于我们应对压力，从而防止一些不愉快的事情影响我们的生活。

在一个有着良好社会氛围的地方工作心情更愉快。研究表明，良好的工作关系可以促进团结，提高生产率。大家劲往一处使，对谁都有利。在积极良好的工作氛围中，人们浑身是劲，精神饱满。良好的工作关系可以提高心血管健康水平和免疫功能。

例如，一组芬兰研究人员在一项研究中，让来自不同职业的受试者在某个工作日里戴上了心率监测仪。他们把受试雇员分为三组，依据是受试雇员自述的在工作中得到的高、中、低三个不同程度的社会支持率。在问卷调查中，通过"我是否与同事有着良好的关系"等问题对社会支持率进行了评估。在工作日期间，那些自述工作支持率最高的雇员工作时心率最低。值得注意的是，自述工作中的社会支持率最高的雇员（也表示他们与同事和上级有着良好的工作关系）在睡眠时的心率最低。由此可见，团结友好的工作环境所产生的良性影响继续伸延到闲暇时间里。

值得注意的是，在第 11 章讲述过有关年度最佳员工的研究项目中，表现最优秀的员工经常强调在职场里与知心同事展开合作，拥有良好人际关系的重要性。良好的工作氛围不仅仅体现在周围的同事身上，也体现在整个公司范围内。年度最佳员工说过，工作中的各种矛盾冲突是主要的障碍。在工作后放松休息方面，我们也（在许多研究中）发现与同事关系融洽对身心恢复过程具有促进作用。简单地说，能得到同事热心帮助的员工心事较少，下班后更容易放松自己。反之亦然。不足为怪：如果工作氛围差，同事之间相互拆台，不肯伸出援助之手，这会阻碍身心恢复过程。例如，前面讲过教学是压力很大的职业。在压力测试中教师得分一直居高不下。在不久前针对教师开展的一次心理压力研究活动中，我们探讨了究竟哪些工作因素导致工作后不能有效地放松自己。我们当时预料学生的不良表现是主要影响因素，因为训导难管教的孩子并非易事，思考他们的问题肯定会对教师的心理产生影响。果然，当我们对校内各种不同形式的产生心理压力的因素进行深入剖析时，其中就有"难管教的学生"这一项（其他因素包括"职业承认需要""同事"等内容），但"难管教的学生"并非是主要因素。主要因素是"同事"，它控制着所有其他因素。也就是说，那些说同事难处，不支持自己工作的教师觉得下班后很难放松精神。由此可见，放松过程中的关键因素是同事们的支持。

其他研究表明，能够得到同事支持，有团结意识的工作环境有助于员工培养饱满的工作干劲，工作效率也更高。在员工和上级领导关系融洽，交流充分的地方，员工们工作更加投入，工作起来更有活力。

多年来我们开展了大量研究工作，专门探讨下班后人们如何有效地放松精神。其中影响人们工作结束后休息放松的一个关键因素就是工作氛围。矛盾冲突、闲言碎语和背后的拆台行为有害无益，还会损耗人们的精力，应该坚决加以杜绝。如果有人在背后随意议论一位同事，他们也一定会随意议论你。背后拆台永远只能成就恶劣的工作氛围，到头来你会为自己说过什么感到担心，而不是利用闲暇时间好好放松休息一下。你永远不可完全掌控自己的工作（否则那就是一个奇怪的工作场所），然而，你却可以有意识地在每天的工作中做出自己的选择，减少经受心理压力的机会。因此不要随意说长道短。

抽出时间与人交往

经常同一些合得来的熟人朋友聚在一起，对身心健康有益。有个可以倾诉烦恼的知心人也很好。当年我在做研究时曾经采访过一位校长，她向我讲述了如何采用独特的方式去应对管理一所大型小学所带来的压力。她不会开车，乘火车回家也不方便，因为她住的地方大约有 75 分钟的路程，而且交通不便。每天她丈夫在回家的路上开车接她下班。她解释说，一坐进车里她便把当天感受到的压力和冒出的各种情绪一股脑地全部排遣、宣泄出来。因为她丈夫要集中精力开车，所以没有太注意她说些什么，只是偶尔点头和嘟哝几声。她清楚这一点，不过她发现把自己的烦心事说出来还是有帮助的。一下车，夫妇二人都感觉可以放松自己，愉快地度过下班后的夜晚。

设置界限

在工作环境里，有时朋友和同事之间的界限容易变得模糊不清。在职场中应该避免向别人过多地透露自己的私生活。这样做不仅违反职业道德，而且还会改变同事们对你的看法。保持一点神秘性是件好事。一旦知道幕后真相，所有的幻想都会荡然无存了。因此，从长远来看，最好把个人生活同职场世界这两者分开。不要让工作侵扰自己的私人空间；同样也不要把自己的私生活暴露给所有的同事。虽然把这两个世界截然分开并不总是那么容易，但是努力正确处理这两者之间的平衡关系会有助于你保持清醒头脑，并有望在这两个方面都取得出色成就。

在工作之外交一些朋友也很重要。你的同事在工作之余也是你的朋友，这没问题，如果你朋友都是同事，你就很难摆脱工作的影响。与同事在一起，不可避免的又会谈到工作。我并不是说不应该在工作之余见到自己的同事，不时地和同事出去参加联谊会或在一起减压，这是件好事。然而如果工作中出了问题，你成为大家议论的焦点，或者你在做决定时遇到困难，而你的同事却抛弃了你，这时你的处境就很不妙。在职场中如果你至少有一个可以吐露秘密、以诚相待的朋友，她/他的看法你很重视，也很信赖，这非常好。信赖非常重要，因为你不想家丑外扬，搞得人人都知道。电子邮件极易在办公室里传播闲言碎语。因此在发送邮件时务必要非常谨慎。任何同工作有关的电子邮件都有可能被当众读出来，所以在发送前应认真检查一遍。如果你要发送的电子邮件内容是怒气冲冲的抱怨，先要把它存放在草稿箱里，过几个小时后重读一遍，然后再发送。

对工作、对同事应该抱有积极的态度。和优秀的同事在一起工作绝对让人开心。应该在工作中努力去发现积极的一面。心态好不好，结果会有很大差异。努力去发现一些与你志同道合的人。每当他们越过界限时，应及时提醒他们。如果你能幸运地找到一些志同道合、非常大度的同事，你将会有丰厚的收获。如果以挖苦的态度看待一切，对每一种观念，每一个变化或工作方式都看不顺眼，这不利于身心健康和幸福。你的组长定会注意到这一点。这种情绪还会影响到你的业余生活："我为什么要操心，这行不通。"同心态好的人在一起，你自己也会有个好心态。同心态不好的人在一起，你也会变得态度消极，玩世不恭，意志消沉。变得玩世不恭倒不难，用不了多久就会影响到你本人，影响到你的工作效率。如果你回到家后经常想一些工作上的消极问题，而不去想你度过的愉快一天，这时你就应该考虑调换工作岗位，或者干脆辞去你当前的工作，另谋高就。

第 25 章　自由职业者如何减压

无论国王还是农民，只要能在家里过得安宁，他就是最幸福的人。

——歌德

在家工作目前变得越来越普遍。人们这样做有很多原因。1/5 的员工表示，如果有这种机会，他们至少会选择有时在家工作。在过去，只有家庭手工业者或个体业者才在家工作。然而，由于技术进步，如今在家工作变得日益司空见惯。

1/5 的员工喜欢在家工作

在家工作的优点和缺点

在家工作对于员工和雇主来说都有许多优点。员工在家工作非常方便：不必穿着工装，可以自己选择休息时间，也可以在工作日前后做家务。在家工作的员工表示工作效率更高，因为他们可以集中精力做一件工作或一个项目，不会像在办公室里那样平时每天都受到打扰。有些员工说，在家工作注意力更集中，因为不会有人分散他们的注意力。我还听有些人说他们在家里工作更努力，原因是不想让别人觉得自己工作不认真。大多数员工反映，能够在家工作他们感到更开心，因为他们可以更合理的处理好工作与生活之间的平衡关系。

对雇主而言，在家工作也使他们受益匪浅。员工留任率提高了，他们非常开心，压力也减小了，全体员工热情很高，更加忠诚，更加负责任。在家工作还可以减少经常性开支。减少所需的工作空间。公司品牌形象也可从中受益：允许员工在家工作的公司在外界看来处事灵通，富有活力，很有远见。

实行弹性工作制度符合许多员工的需要，可使雇主和员工双双受益。但是其中也有一些不利之处。有些人在家工作时感到孤独，尤其是那些天生爱交际或者独自生活的员工。我经常想起的另一个问题是，有些在家工作的员工根本没有下班后摆脱工作的感觉。如果你工作的地方就是你的家，你会不断地接触到同工作有关的暗示。

穿工装在家工作

我曾经采访过一位在家工作的员工。他向我介绍说，他采用了一种很有趣的方式帮助自己在每天工作结束后放松休息。由于他在家工作，没有任何外在的实际界限能使他远离自己的工作。他不必骑自行车、开车或乘火车去上班，因为他的办公室就设在一个闲置的房间里。听起来也许有些荒唐，他每天都特意穿上工装后再开始工作。他早晨刮完脸、洗完澡后穿上工装，好像要外出上班一样。在办公室里，他专门有一部工作用的电话。下班后，他立刻换一身衣装，走进花园，或者走向房子里的另一个房间。除非绝对有必要，否则晚上他从不回到办公室。

我读到过的另一个实例是住在教堂庭园里的一位女牧师。为了将工作同家庭生活分开，她在花园和教堂庭园之间修建了一个坚固的实木拱门。她走过这道拱门时，就标志着一天的工作结束，闲暇时段开始了。因此外在实际界线同时也是个心理界限，把两个世界分隔开来。

在家工作如何才能获得成功？

如果你在家工作，发现闲暇时也很难摆脱工作的影响，以下九条建议也许能够帮助你有效地放松休息。

- 尽量把工作环境同家庭环境完全分开。我知道有时要做到这一点并不容易。
- 如果你的办公室就设在家里，一天的工作结束后要把门关上。
- 不要把工作文件夹、便携式电脑、文件报告等办公物品在房间里随时摆放，因为这些物品只会触发同工作有关的想法。

- 尽量制定工作时间表。我知道在家工作有一个使人欣喜的优点，它可以使你自由支配时间。工作何时开始，何时结束，由你随意安排。不过我还是强烈建议制定一个固定工作时间表，严格遵守。把你的工作日视为其他正规工作日一样，否则时间就会一点点地浪费掉，也许最后你只能在晚上加班。
- 把吃饭时间和休息时间安排好，设定时间限制。
- 白天不要打开电视机。
- 在工作日不要想着去做休闲时才能做的事情（除非你决定放松一下精神，去慢跑或骑自行车让精神振作起来）。一天的工作结束后再去做这些事情，给自己一个奖励。
- 一天的工作结束后出去散散步，或者去健身房。
- 一天的工作结束后洗个澡。

第 4 部分
提高身体素质，增强抗压能力

概 述

在前面的章节里,我们探讨了有助于摆脱工作影响,放松精神的各种练习和方法。本书最后这一部分讲的是如何提高适应能力。提高(面对压力的)适应能力,真正有助于你更好地摆脱工作影响;精神放松有助于你从容应对工作中的各种挑战。本书最后这一部分有两个主要宗旨:一是强调增进身体健康。关于身体健康问题,我分别在睡眠、锻炼和营养几章里加以探讨。身体比较健康的人能更好地承担日常工作任务。由于讲述这方面内容的专著数量繁多,所以我不想在此详述。我们一忙起来就很容易忽视自己的需要,结果睡眠、锻炼和营养往往退居次要地位。如果出现这种情况,我们的适应能力就会下降。

因此,最后一章探讨的另一个要点是经常进行监督、修正和评估的重要性。这一章里包括一个你可以自己完成的检测项目,这样你就能轻易地发现什么时候急于求成,给自己施加了过多的压力。你需要放慢步伐,加强自身素养。只有满足自己的基本需要,才能有效地提高适应能力。关心自己的基本需要,抽出时间开展自己喜欢的活动,我们就可以呵护好自己的健康。提高适应能力需要花费一定的时间。当事情没有像事先计划的那样进展顺利时，很容易灰心丧气。遇到挫折在所难免。最后一章里还探讨了如何应对出现的压力，以及出现不进反退情况时如何振作起来，继续前进等问题。

第 26 章 保持身体的健康

> 健康长寿绝非偶然。其首要条件是基因优良,不过离不开良好的生活习惯。
>
> —— 丹·比特纳

如果让人们列出生活中最重要的事情,健康会名列前茅,这不足为奇。保持健康是我们可以为自己,为家人和朋友做的最重要的事情。我从未遇到过希望自己不健康的人,但是许多人却似乎故意使自己生病,你说这有多奇怪?英国有近60%的成年人超重(美国为69%),18.5%的成年人吸烟,30%的成年人睡眠不足,近40%的成年人很少或根本不锻炼身体。

除了应对压力,学会放松身心以外,我认为还有三个重要因素有助于我们获得并保持理想的健康水平:有益心血管的锻炼、营养良好和睡眠充足。下一章只讲睡眠问题,因此本章着重探讨饮食和锻炼问题。尽管我把它们分开来讲,其实这三者以不同的形式彼此关联。锻炼对睡眠非常有益,有些类型的饮食更有利于锻炼和睡眠。有许多(有些人说数量过多)专门探讨饮食、营养和锻炼问题的书籍、网站,所以我就不在这里赘述了。本章所讲内容重在使你关注思考健康问题,因为身体好有助于摆脱工作影响,放松自己。

锻炼身体

为了承担各种工作任务,上班时达到最佳工作状态,企业员工不仅要在工作内外约束自己的行为,还要达到一定的健康水平。身体健康有助于增强适应能力,完成各种工作任务。参加体育锻炼可以保持良好情绪和良好生活状态。另外,同身体不健康者相比,身体健康的员工从体力工作中恢复过来的速度更快一些。参加体育活动也是摆脱工作、放松精神的极佳途径。

大量证据表明,经常锻炼身体有多种益处。锻炼身体与身体健康可以增强活力,有助于集中精力,培养良好心态,提高心理适应能力,减轻焦虑和抑郁感觉。身体健康还有利于我们应对压力。大量研究结果表明,经常进行锻炼也有许多生物生理方面的益处,比如降低血压和心律,减少患有心血管疾病与中风的危险,增强免疫功能、骨质密度和血糖调节能力。

根据相关指导意见,我们应该每周至少锻炼 5 次,每次至少 30 分钟。锻炼不必限制在 30 分钟。如果刚开始锻炼,10 分钟也是有益的。随着能力,身体更强壮,可以延长锻炼时间。人们不遵守锻炼时间的原因是经常给自己施加太多压力,急于求成。如果有一段时间没有锻炼了，第一个月里可以减小锻炼强度，以后再逐渐增加骑自行车、慢跑或游泳的锻炼时间。例如，如果选择游泳这种锻炼形式，经过一段距离后就应休息一会儿，不要一次游很长距离。每次锻炼后应该感到神清气爽，而不是非常疲劳。否则表明锻炼过度了。在开展一种形式的体育锻炼之前，应该征求一下专业健康人士的意见。如果人们很快就给自己施加很大压力，急于求成，结果很容易失望并放弃锻炼。因此一开始要练得轻松，这很重要。另外，别忘记在锻炼前慢慢热身，以免锻炼时受伤。

人们经常把清瘦同健康混为一谈。史蒂文·布莱尔在美国开展的一系列研究表明，同清瘦相比，肥瘦适度对健康和幸福更重要。布莱尔和同事们在一项对受试者进行了为期近八年的跟踪调查。在刚开始研究时，对大约8000名受试者进行了全方位锻炼压力检测，以确定他们的身体健康水平。在中间阶段，有143人死于癌症，144名死于心血管疾病。研究人员把受试者分成三组：身体清瘦组，体重正常组和身体肥胖组，并对体重和身体肥瘦程度同死亡风险的相关性进行了观察研究。这意味着基本上可把受试者再分成六组：身体健康者（清瘦，体重正常，肥胖），身体不健康者（清瘦，体重正常，肥胖）。研究人员将体重正常的健康受试者作为参照受试者组。那些身体肥胖、不健康的受试者在八年跟踪调查期间死于心血管病的可能性是体重正常、身体健康受试者的7倍。这有些使人感到意外。同样使人感到意外的是，身体健康的清瘦受试者死于心血管疾病的可能性小于体重正常的健康受试者。但不健康的清瘦者死亡率是体重正常的健康受试者的大约3.5倍。令人难以置信的是，肥胖而健康的受试者死于心血管疾病的可能性只比体重正常的健康受试者多出2倍。由此看来，死亡风险最大的人是那些身体肥胖或清瘦，却不健康的受试者。这项研究表明，身体肥瘦并不重要，减少患心血管疾病风险的最重要因素是身体健康！这是了不起的研究结果。我希望你能从中受到启发，开始锻炼身体（假如你还没有锻炼习惯的话）。最后还要说一点：研究人员在观察研究死于癌症的风险时，也发现了相似的结果。

赶快抽出时间开始锻炼吧。可用多种方式把锻炼活动融入日常生活中。参加体育活动可以增强身体的灵活性。也许你会加入体育俱乐部，这样就会感受到与人交往所带来的种种益处。不过没有必要为了促进健康就去加入健康俱乐部，因为你可以把锻炼活动融入自己的日常活动中。例如，如果你住的地方离工作地方不太远，而且骑自行车也安全，你可以骑自行车去上班。你可以乘火车去，下车后步行上班；你也可以做一些简单的活动，例如爬楼梯，不乘电梯。努力把锻炼活动融入你的日常生活中，让它成为你每天必做的事情。只要付出一点努力，稍微安排一下，你很快就会大有收获。如前所述，在开展某种形式的锻炼活动以前，应该咨询一下专业健康人员的意见。

饮食

饮食是生存的必要前提,而我们却都不太在意。要想精力充沛,增强免疫功能,饮食必须恰到好处。俗话说,人如其食,吃什么就像什么。我的确相信吃的东西会影响到我们的感觉方式和行为表现方式。饮食恰当可以增强免疫系统,促进血液循环,维持血糖水平。概括地说,饮食恰当有助于我们有效抵御压力和感染所造成的影响。有些食物,例如蔓越橘和蓝莓可以提高认知、反应速度。相反,饮食不当,例如摄入过多的饱和脂肪,食用过量的咖啡因、食盐和糖,或者多次暴饮暴食,有可能对健康造成损害。

我想大多数人都知道吃新鲜水果、蔬菜和全谷物食品有很多益处。新鲜水果、蔬菜中含有身体健康不可缺少的多种维生素、矿物质、多种酶和营养素。许多食品中所含有的抗氧化剂可以有效防治许多老年疾病,比如心血管疾病,癌症和老年痴呆症。这些抗氧化剂简直就是防病良剂。摄取它们的最佳途径就是使用新鲜农产品。许多水果、蔬菜中都富含抗氧化剂。那些色泽新鲜的西红柿、蓝莓、谷物和萝卜对身体健康特别有益。绿色的带叶蔬菜,例如,羽衣甘蓝、甘蓝叶、菠菜以及绿茶、柑橘属水果、苹果和梨也是很好的抗氧化剂来源。

抗氧化剂可以清除血液中的自由基,因而对身体健康有益。

在我们衰老的过程中,身体组织会发生一种自然的氧化现象。当我们身体的电子被血液中带有电荷的电子吸去时,自然氧化现象就发生了。自由基能损害细胞中的 DNA,时间一长,这种情况就会变得不可逆转,从而导致疾病的发生。富含抗氧化剂的饮食可以减少我们身体内的自由基数量,是维持健康的重要条件。

不要空腹去上班

有句俗语是怎么说的?"早餐要吃得像皇帝!"一天当中早餐最重要,晚餐最开心。营养充足的早餐为我们提供白天工作的能量,晚餐是我们工作结束时期待的一餐。每餐的营养应当均衡。早餐缓慢地释放能量,特别重要,可使我们承担更长时间的工作,期间不会有饥饿感,工作干劲也不会减弱。遗憾的是,如今人们时兴在家不吃早餐,匆匆带着一杯咖啡和一份酥皮糕点就去上班。如果只是偶尔这样还可以,但若长期下去恐怕对健康不利。白天也要多喝水,防止脱水。

大多数人的早餐可能只是喝一碗酸奶,吃一片烤面包,许多人却喜欢精心准备晚餐。午餐可怜得很,不受重视,大多数人午餐时只是匆匆吃一份三明治,补充些热量支撑到晚上,只要不饿得难受就行。很多人独自用餐时几乎不在意自己吃什么,只是忙着看互联网上的内容,查看电子邮件或浏览书刊。

许多人并没有认识到午间休息的种种益处。我认为我们已经不能正确地看待午间休息了。午间休息可使我们暂时停顿下来，冷静审视我们一直在做的工作，判断一下自己的下一个目标。如果我们上班时不停地埋头工作，不休息一会儿喘口气，到了晚上就更难摆脱工作，放松身心。如果不停地专注于手头的工作，就无法从大局着眼安排自己的工作。

有些高级管理人员开始认识到在上班期间抽出时间进行思考的重要性。圣地亚哥大学法律与金融教授弗兰克·帕特诺伊在写书收集资料时说道，他惊讶地发现许多资深领导者都强调具有战略意义的"停工时间"的重要性——即每天午休时间，或者其他时段抽出一小时或更长一段时间停下自己的思路，激励自己用更长远的大局眼光思考问题。值得注意的是，许多讲述时间管理问题或应对压力问题的书籍观点正好相反，强调抓住每一次机会尽量多做一些工作，多搞一些活动的重要性。既然可用 5 分钟时间狼吞虎咽吃完一份三明治，何必要花费 60 分钟的时间吃午餐！

经常有意不休息或错过休息时间的员工的工作效率常常不如同事工作效率高。坐下来思考一会儿，往往可以看清事情大局，而且会惊讶地发现工作效率大有提高。我接触过的一位员工说，他在午休时间都要去公司内的健身房，这种锻炼活动既有利于身体健康，也能使他在下午工作时注意力更加集中。

必须吃午餐：把它作为同自己约会的时间写进日记里

加利福尼亚大学预防研究中心的研究人员在一项研究中，对公共汽车、轻轨车、有轨电车和登山缆车驾驶员和售票员等公交系统人员展开调查，采访了1208名员工，并通过问卷调查形式了解他们的日常工作问题，上级支持情况以及一日三餐和饮酒情况。接受采访的员工还被问及下班后需要多长时间才能摆脱工作影响，放松休息。不吃早饭和日常工作问题往往延长了摆脱工作影响的时间，或者同下班后难以摆脱工作影响有关。

许多员工在午餐时间也工作。他们认为这样可以完成更多工作。这种认识是错误的。也许他们觉得自己一直在忙着工作，其实到下午只会感觉更加疲劳。应该利用午休时间给自己充电。这里不妨举几个体育方面的例子。优秀运动员都知道休息同训练一样重要。他们的教练员在训练时间表上都留出了休息时间。许多热衷于一项体育运动的人（比如跑步或骑自行车）也会在另一项不同的体育活动上（比如游泳）花费一些时间。尽管这些体育活动都强化心血管，但是却要利用不同的肌肉群。一种体育活动主要利用腿部肌肉，而另一种运动则利用双臂部肌肉。他们也会决定一天之内只开展同强化心血管无关的举重训练。这种交叉训练可以防止因过度利用某个肌肉群而引起的肌肉损伤，还有助于男女运动员保持训练热情，防止出现受伤和筋疲力尽的现象。同样，有人提倡左右脑分工理论。这种理论的基本思想是，大脑左侧和右侧适合执行不同的任务。左半脑非常擅长执行批评性思维、语言、逻辑与推理任务，而右半脑则擅长执行颜色运用、创造性活动、表达与识别情感、直觉、音乐以及识别面孔等方面的任务。因此，左半脑被视为分析逻辑半脑，右半脑被视为情感/创造半脑。如在交叉训练中一样，如果你一直在研究的问题涉及左半脑功能，例如批评性思维，最好临时改换一个运用右半脑功能的任务。例如，换一个要求你发挥创造性的任务，甚至只听一些音乐（在午休时间可以这样做）。这就是听音乐有助于放松、恢复的原因。但是在这个问题上，研究文献还没有得出完全清楚的结论。目前认为，左右脑相互配合时大脑的工作效果更好一些（比如在数学中）。这样做从直觉上来看可以避免疲劳。许多人都在积极地运用这种变换调解方法。

无论生活中发生什么事情，健康都应该是头等大事。只有身体健康，我们才会有良好的自我感觉，不会成为家庭、朋友和国家的沉重负担。另外，身体健康也使我们更快乐，有足够的力量和精力应对任何生活难题。处理一些要求高的工作任务本来就耗费体力和脑力；如果身体不好，工作起来难度更大。身体健康的人还能更多地享受闲暇时光，因为他们不像身体不好的人那样干工作容易疲劳。多关照一下自己并没有那么难，但仍需要认真思考，策划安排，努力实现健康目标，然后保持健康水平。我们都应该把身体健康当作头等大事。

第 27 章　保证睡眠的质量

疲劳是最安全的安眠药。

——弗吉尼亚·伍尔芙《雅各布的房间》

2011 年时任劳埃兹银行集团首席执行官的安东尼奥·霍塔 - 奥索里奥被迫暂时离职,休几天病假。2011 年 10 月 31 日星期一,这位功成名就的 47 岁的银行家会晤了劳埃兹集团董事长温·比肖夫爵士,说明了自己暂时不能继续履行职责的原因。他对温爵士说,他已经连续 5 天无法入睡。下面是他说的一些原话:

"上一个星期我睡得越来越少。我问董事长,我能否请 3 天假,因为我想休息睡觉。于是我休假 3 天,前往里斯本。实际上我根本没有休息。我无法入睡,无法摆脱工作的影响。"

由于受到失眠的影响,霍塔 - 奥索里奥只好休假,这不足为奇。

睡眠

一天 24 小时当中，睡眠占去了很大一部分时间。我们一生中约有 1/3 的时间是在睡眠中度过的。因此，我们进化成必须睡眠的人类，其中必有充分的理由。

睡眠被视为人类最重要的恢复机制。因此，极大的幸福感，日常生活工作和身体健康都离不开良好的睡眠。睡眠不足、睡眠障碍可导致效率低下、疲劳、情绪不稳定，最严重时甚至还会损害免疫系统。人们认为，只有连续的睡眠才能使身体得到恢复。睡眠也关系到寿命长短。有人认为，在长寿方面睡眠的影响超过饮食、锻炼和遗传基因（不过在这方面科学研究还没有得出一致的结论）。

人们容易把劳累、发困同疲劳混为一谈。劳累、发困说明想要睡觉，或者需要睡觉。而疲劳则是对于长期消耗体力或脑力，或长期睡眠不足做出的一种生理反应。少活动，不睡觉只休息可以减轻疲劳，却只能使发困或要睡觉的感觉变得更加强烈。每当我们想在周末懒洋洋地度过一天时，总有一种发困的感觉。有时即使无所事事，也会莫名其妙地感到更累。

五个睡眠阶段

我们在睡眠时会经过五个睡眠阶段：其中有四个慢速眼球运

动阶段，一个快速眼球运动阶段。每一阶段的持续时间在 5 分钟至 1.5 小时之间。第一阶段睡眠是过渡阶段，持续时间约为 5 分钟，此时身体准备进入睡眠状态。这是一种昏昏欲睡的状态。如果这时醒来，人们会觉得并没有要睡觉的打算。第二阶段睡眠是浅度睡眠，此时大脑活动、心律和呼吸放缓，肌肉紧张度减轻。睡眠逐渐加深，经过第三和第四阶段（有时被称为慢波睡眠）。人们认为，在第四阶段人体有机会恢复自身活力。这一阶段有利于记忆。我们的记忆据说在这一阶段得到巩固。如果在第四睡眠阶段把人们唤醒，他们便不易记住白天学过的内容。他们就会返回浅度睡眠阶段（第二阶段），然后再进入快速眼球运动阶段（第五阶段）。这一睡眠阶段的特点是眼球快速运动，好像人在醒着一样。大脑活动、心律和呼吸在这一阶段全都加快。这也是睡梦最多的阶段，而且大脑在处理并存储新收到的信息，加强长期记忆。有人认为，在这一阶段大脑阻拦住传向肌肉的信号，防止人们根据梦境采取行动。整个夜晚，这个睡眠周期反复进行大约五次。每个睡眠阶段的时间长度在整个夜晚也发生变化；大多数深度睡眠（第三、四阶段）出现在夜初，较多的快速眼球运动发生在夜末。

究竟需要多长时间睡眠？

不同的人有不同的睡眠需要。有些人每天要睡 9 个小时或更长时间。另外一些人每天夜里睡不到 6 个小时就够很好地正常工作。

美国第 30 任总统卡尔文·柯立芝出了名的能睡。柯立芝大多数夜晚都要睡上 8 个小时或更长时间,而且每天下午常常加睡 2～3 个小时。据记载,他在白宫睡觉的时间超过其他任何一位总统。据说(像大多数传闻一样也可能有一点真实的内容)他当选美国总统后做的第一件事就是蒙头大睡。

相比之下,英国第一任女首相玛格丽特·撒切尔据说在任期间每晚只睡 4 个小时,而且精神十足。她的内阁成员大多知晓此事,媒体上也广为报道。这更增添了这位"铁娘子"的神话色彩。据说她每晚只需睡 4 个小时的名气引得党内人士纷纷比试一番,看谁可以睡得最少。每晚只睡 4 个小时就可以精力充沛地去工作,这样的人毕竟不多。如果睡眠不足,人们就会感到疲劳,在睡眠上越欠越多。大多数人都通过白天打盹小睡的方式来弥补睡眠的不足。有一张有趣的照片捕捉到玛格丽特·撒切尔在 1975 年伊斯堡保守党青年大会上打盹小睡的情景。

睡眠产业总值超过 200 亿美元

五年前据《福布斯》杂志估计,追求完美睡眠已经造就了一个总值超过 200 亿美元的产业;因为我们要购买枕头、床垫,要去睡眠诊所,饮用药酒,采用催眠疗法,当然还要服用安眠药片。

在没有发明电的年代，人们每晚睡 9~10 个小时

在西方人们平均每晚睡 7~9 个小时。然而不同年龄段之间睡眠时间有很大不同，而且个人之间差别也很明显。值得注意的是，在数百年间，我们的睡眠习惯发生了极大变化。在没有电的时代，人们每晚大约睡 9~10 个小时。如今我们所需的睡眠时间没有得到满足，大多数人都在睡眠上欠债。

在所需的睡眠时间上，我们全都有各自与生俱来的限度。有些人需要多睡，有些人需要少睡。睡眠不足就会"欠债"；欠债就要偿还。大多数人在周末可以通过睡懒觉的方式轻而易举地解决这个问题。但是还有许多人长期睡眠不足。睡眠研究人员认为，西方社会有许多人长期睡眠不足，原因显而易见。在美国夜晚睡眠时间不足 6 小时或更少的人从 1999 年的 13% 增加到 2009 年的 20%。这未免使人有些忧虑，因为睡眠不足会导致敏捷性下降，工作表现不如从前，决策能力下降，工伤增加，幸福感减少。众所周知（我们也无需再次强调）许多事故都是由睡眠不足引发的。只有在睡眠充足的情况下，才能更好地承担需要创新思维或全盘规划的任务。

2010 年美国心理学学会公布了一项研究结果，发现 70% 的美国人把工作视为造成压力的重要原因，甚至是非常重要的原因。另据估计，成年人中 29%~45% 的人都可能有某种形式的睡眠障

碍。其中的原因有很多，但是电的发明与应用也许是一个促成因素，因为到了晚上我们面临着人造光的照射和刺激。

虽然睡眠需要因人而异（有些人睡的时间较短也可以），大多数人每晚需睡 7.5~8.5 小时。即使睡眠超过 8 个小时也不要感到愧疚，没有绝对的睡眠时间限度，再说也因人而异。如果夫妻间有一人需多睡，另一人不需多睡，有时这会影响夫妻关系。记住，拥有历来最强科学大脑的艾伯特·爱因斯坦据说每晚要睡大约 10 个小时。如果他正在研究一个特别有难度的问题则另当别论：过后他需要睡 11 个小时。

是否打盹小睡：这是个问题

有些生活教练经常谈到小睡的问题。在 20 世纪 90 年代出现了能量盹（power nap）这个新概念，意指 15~30 分钟的暂时打盹小睡可以解乏提神，促进工作与学习。如果不是绝对有必要（即感到非常疲累，难以安全地工作），我认为应该避免打盹小睡。人们只在睡眠不足时才打盹小睡。不要通过打盹小睡的方式来弥补不正常睡眠。有证据表明，如果员工在工作日打盹小睡，到了周日晚上睡眠质量会下降。所以人们打盹是因为长期睡眠不足。相反，超过 30 分钟的打盹小睡醒来后反应迟钝，这种感觉被称为睡眠惰性，会持续较长时间，然后人们才能正常工作。

许多难以摆脱工作影响，放松自己的人也有睡眠问题，因为他们躺在床上老是不停思考工作问题。这会导致难以入睡，睡眠时间短，或者早晨过早地醒来，再也无法入睡。我在研究工作中接触过许多有睡眠问题的人。

例如，雷切尔曾经找到我求助，因为她经常睡不着，躺在床上思前想后，心里不静。她对我说，晚上看电视时在沙发上很容易就睡着了，一躺在床上却睡不着，不知为什么。她说自己经常躺在床上感到越来越绝望，担心自己睡眠不好会影响第二天的工作。她还说已经注意到自己非常容易发脾气。

雷切尔的睡眠问题其实不难解决。她的主要问题是在电视机前打盹小睡。在我看来，这表明她可以轻而易举地入睡。晚上她躺在床上难以入睡的原因是，那时她已经不是很疲累，思想开始走神。于是我们制定了一个睡眠卫生方案（参见下文），首先使她晚上不再打盹小睡，然后又为她确定了准时就寝时间。仅过了几个星期，雷切尔就不再抱怨在就寝时思想走神，睡觉好多了，也不那么容易发脾气了。

戴尔·卡耐基赞成的一个思路是，"如果睡不着，可以起来找点事做，不要躺在床上发愁。影响你的是发愁，而不是失眠。"我们的一个客户托尼先生显然就是这样做的。他的睡眠受到影响，有时他就采取在凌晨起来工作的方法解决失眠问题。

托尼心思重，爱钻牛角尖，很难摆脱工作的影响放松自己。他说：

"睡不着觉失眠时……我就起身下床，在凌晨 2 点登录服务器，找点活干……只要干上一小时就会感到非常累。如果能把心里想的问题解决到一定程度，就可以不再去想它。所以，失眠时找点事做，然后就能接着再睡。如果不采取行动，只能躺在床上想个不停。"

遗憾的是，这样做会在你的大脑里形成一种被接受的行为方式，不久就会养成习惯。因此我不主张这样做。

睡眠不足会造成非常严重的后果

我们经常把引人关注的重大事故同睡眠不足的影响联系在一起。例如，许多引人关注的悲惨事故都被视为由失眠引起的疲劳造成的。我们很容易想到 1989 年发生在美国阿拉斯加州南部海湾的"埃克森·瓦尔迪兹"号油轮原油泄漏事故，2001 年发生在英国约克郡的铁路事故。睡眠不足与昏昏欲睡在许多不太引人关注，但非常严重的事故中也是主要的诱发因素。在美国有位起重机司机在休息时打盹，醒来后神志有些恍惚，错把驾驶室的另一侧门打开，结果从 35 米高处坠地身亡。据说他生前已经连续干了两班，每班时长 13 个小时。他是在干第三班时坠地身亡的。

延长睡眠时间，提高性生活质量

睡眠不好还可能在其他方面对我们造成影响。研究表明，每晚睡6、7个小时有可能变得肥胖。同每晚睡9个小时的人相比，每晚睡眠时间不足7小时的人身体肥胖的可能性增加了30%。连续睡眠质量不佳可导致免疫功能下降。睡眠质量不佳的人更容易患感冒。有睡眠障碍的人，无论男女，性欲都会减弱。有些人只是太疲劳了，无心房事。

不要把周末时间浪费在关门睡觉上

遗憾的是，我们有许多人并没有认识到即使中等程度的失眠也会导致反应迟钝。大量经过严格控制的实验室研究结果清楚地表明，长时间睡眠只有6小时或不足6小时会使警觉性和工作成绩大幅度下滑。睡眠不足不仅仅影响我们的工作成绩。睡眠时间既是大脑又是身体的恢复时间。睡眠时血压和心律下降，反映出伴随着睡眠植物神经系统发生的各种变化。睡眠障碍也会引起血糖和胰岛素控制方面的变化。

我们睡眠不足在一定程度上是由我们的生活方式直接导致的。比如晚上熬夜看电视，或者做其他一些事情，睡得很晚。如果能在周末把缺的觉补上，当然不错。但是原本可以在一周时间里早点入睡,却不得不把很多宝贵的闲暇用来睡觉,这确实有些遗憾。其他睡眠问题和睡眠障碍也许同睡眠的时间安排无关,但是却同工作和家庭压力、操心事有关。实际上忧虑是影响入睡快慢的一个主要因素。我们在许多研究中表明,在晚上和就寝时难以忘掉工作、放松自己的人,同那些能在晚间闲暇时间忘掉工作、放松自己的人相比,难以入睡的概率高出4倍,睡眠不宁的概率高出7倍。

评估睡眠

在考虑睡眠问题时,我们一般要区分出睡眠时数和睡眠质量这两个概念。睡眠时数指的是睡眠时间的长短,衡量睡眠时数一个比较简单的手段就是我们所说的睡眠"效率指数"。它指的是我们的睡眠时长同卧床时长之间的比率,非常易于计算。在计算睡眠效率时,先算出全部睡眠时间,除上全部卧床时间。例如,昨天夜晚你睡了7个小时,但是卧床时间为8个小时,则计算公式:$7/8 \times 100 = 87.5\%$。你可以运用下面的列表计算出自己的睡眠效率指数。降低睡眠效率的因素有许多,例如噪音、温度、需要经常起夜、爱人和孩子的打扰、因为操心工作上的事情心神不宁等等。总之,使你夜里睡眠不安稳的任何因素都会降低你的睡眠效率指数。

请填写下述列表,求出自己的全部睡眠时间。

	小时	分钟
1. 何时上床就寝？		
2. 何时关灯？		
3. 用多长时间入睡？		
4. 何时醒来？		
5. 何时起床？		
6. 睡了多长时间？		
全部睡觉时间		

由于某些原因，我采访的许多人并没有把就寝较晚同早晨感到疲累联系在一起。我们要倾听自己的身体。如果白天觉得累，应该早点就寝。记住这句老话：半夜前一小时顶得上半夜后两小时。我猜想，在很多人心目中夜里 11 点半都不算很晚，但是如果你已经感到疲累，还硬撑着不睡，你就算很晚了。

也许你认为重要的不是睡多长时间，而早晨醒来感觉如何。因此考虑睡眠质量就变得非常重要。睡眠质量是你对睡眠的主观体验感受。早晨醒后感觉多么神清气爽，能清楚地表明你昨晚睡得多好。睡眠深受个人特点影响。有些人需要比别人多睡一些时间。仔细看一看下页列表，圈出符合你近两个星期睡眠情况的数字。

仔细思考一下前几天夜晚你的睡眠情况。

	很容易				很难
入睡是难还是易？	1	2	3	4	5
一旦睡着，安稳地睡下去难吗？	1	2	3	4	5
如果夜间醒来，再入睡多难多易？	1	2	3	4	5
	很安稳				很不安稳
睡得是否安稳？	1	2	3	4	5
	很好				很不好
睡眠质量如何？	1	2	3	4	5
	完全是这样子的				一点也不
醒来后，是否感觉神清气爽？	1	2	3	4	5

　　填完上面的列表后，你就能够看出整晚睡眠是否受到干扰（问题1），或者你面临的困难是否同具体入睡问题相关（问题2、3、4、5）。要入睡时失眠就是入睡难的问题；睡眠维持性失眠问题的人一夜之间会醒来好几次。这两种类型失眠使人早晨醒来精神不振（问题5）。如果许多夜晚上表中的整体得分都在18分以上，那说明你有睡眠问题。

　　难以入睡的原因有很多。如果不易入睡，你的心里肯定会开始想那些近年来一直在影响你的问题，例如工作问题。把本书第二、第三部分的练习做几遍会在这方面对你有所帮助。你应该采取的第一个预防措施是，一定要遵守那些我们所说的睡眠卫生原则。我在下面列出了这些原则。

　　每个人都会在夜晚醒来，但是我们的大多数人并没有意识到这种情况的发生，而且通常都能轻易地再次入睡。另外，我们甚至并不记得夜间醒过。短时醒来不会引起睡眠问题，也很少困扰我们。但是如果我们一直受到工作问题的影响，我们就会在夜间醒来后心里反复想着工作问题。即使我们醒来去一趟洗手间，也会不由自主地开始思考工作问题。

我们大家偶尔都会经历难眠之夜。当这种情况出现时，我们只要挺过去。我们可能都曾经夜间醒来思考工作问题，或者思考其他一直困扰着我们的事情。这确实令人烦恼，会使我们第二天容易发脾气，无精打采，难以集中精力。但是这并不会伤害我们。只有这种情况经常发生，挥之不去而且影响到自身的幸福时，我们才需要采取行动。因此，偶尔遇到难熬之夜也不必担心。挺过去，一切照旧。

夜间睡个好觉的关键

有些人到了晚上难以摆脱工作的影响，躺在床上不停地思考工作问题。出现这种情况时，必须想方设法使自己摆脱工作的影响。在晚上用业余爱好打发时间在这方面很有帮助。要学习把同工作相关的想法封存起来（参见第18章）。下面列出了一些建议，可以帮助你夜里睡个好觉。

- 安排好固定的就寝时间，何时睡，何时醒，坚持不懈。

在这方面也不必过于刻板，甚至到强迫自己的程度。睡个好觉的关键是制定一个坚持不懈的方案。你的身体会适应过来，开始准备入睡。周末不要太晚睡觉。

- 晚上不要工作得太晚。
- 转移对工作的注意力。
- 白天定时休息，不要不吃午餐。

我采访过的一位年轻女士对我说，有时白天连续开会使她错过了吃午餐和休息的时间，到了晚上即使身体比平时更疲劳也很难放松睡眠。有时身体非常疲劳，大脑却非常兴奋。

- 限制咖啡因的摄入量。

咖啡因是一种兴奋剂，会影响睡眠质量，特别是在就寝时摄入咖啡因。摄入咖啡因能提高兴奋度，所以每天喝多少杯茶和咖啡应该有个限度。许多食品和饮料中也含有咖啡因，比如巧克力和可口可乐，而且含量很大。我们在消费这些产品时，大多并不知道它们含有咖啡因。即使为数不多的咖啡因也会影响睡眠。在一项研究中，在早晨七点半以前让成人受试者摄入 200 毫克的咖啡因（相当于 1~2 杯咖啡），或者稳定的安慰剂。然后在白天，他们入睡时间延迟，整个晚上睡眠时间减少了。这清楚地说明，即使少量咖啡因也能对睡眠产生重大影响。你也许认为自己像有些人那样非常幸运，白天整天饮用咖啡，到了晚上仍然睡得很好。然而，这可能是因为你的身体已经对咖啡因产生了依赖。在任何情况下，摄入过多咖啡因都对我们不利。

- 就寝前 30 分钟将灯光调暗。

就寝前 30 分钟将灯光调暗，会使大脑相信你很快就要入睡了。另外，光照可抑制褪黑素的产生。褪黑素是松果体分泌的一种荷尔蒙，有助于调节睡－醒周期。褪黑激素可以增强犯困的程度，降低核心体温。因此，就寝前应尽量避免亮光照射，使卧室里最大限度减少人造光。

- 不要在床上看智能手机或平板电脑。

许多智能手机和平板电脑发出的光能够抑制褪黑素的产生，推迟入睡时间。因此，在就寝前一个小时尽量不要看智能手机和平板电脑。

- 注意卧室环境。

卧室环境应该有助于睡眠，卧室主人要确定固定就寝时间，不要把笔记本电脑、手机等电子产品带进卧室里，这很重要！卧室只应该是睡眠和行房事的地方。把闹钟摆放在卧室里也不是好习惯，因为只会使我们常看闹钟。每当看到时间一分一分地过去，自己却难以入睡，心里就会感到沮丧，开始忧虑起来。

- 不要责备或惩罚自己。

有时人们会因为无法迅速入睡惩罚自己。这时会因为自己躺在床上睡不着而生闷气、精神紧张，对自己感到失望。例如，他们会心绪不宁，自责自语："我没有用，连觉都睡不着。""我为什么睡不着？""要是我永远也睡不着该怎么办？""明天的工作我该怎么干？"于是，他们就开始信马由缰地胡思乱想起来。"今晚要是睡不足 8 个小时，明天上午我就没法工作。"这样想只会增加焦虑、紧张感，使睡眠质量更差。出现这种情况时，需要提醒自己：如果只是一个晚上，只睡几个小时也能正常工作。你也许感到有些疲累，但是总体上还不错。尽量分散自己的工作注意力，去想开心的事情，自己度过的假期，或者幻想一会儿。只要能分散对工作的注意力，躺在床上想什么都可以。千万不要因为睡不着觉而惩罚自己。

- 早晨不要关上闹钟。

闹钟响起时，翻过身来把闹钟关上，这样做看上去似乎不错，可以让自己多睡上10分钟左右。但是真的对你有益处吗？有证据表明并非如此。实际上你只是让自己失去了一些宝贵的睡眠时间。10~20分钟的小睡对你没有任何益处，不会使你在早晨感到精神倍增。这样做你只会感到更加无精打采。应该克服关上闹钟的诱惑；可把闹钟往后调一些，多获得一些宝贵的睡眠时间。

下表列出了最常用的睡眠卫生条件。

睡眠卫生基本原则
睡眠环境
温度适宜（最好为17摄氏度左右）
幽暗安静的房间
舒适的睡床、床垫、枕头、羽绒被和床单
没有干扰（无电脑、电视等物品）
把闹钟转过去，看不到显示时间（否则想看闹钟时间，引起焦虑）
应该提倡的事情
养成定时就寝习惯，遵守睡觉、起床时间

> **应该避免的事情**
>
> 晚上加班到深夜
>
> 白天小睡过多
>
> 傍晚入睡
>
> 临近就寝时过度活跃兴奋
>
> 晚上很晚锻炼
>
> 黄昏前后饮用含有咖啡因的饮料和食品
>
> 夜里吃大餐
>
> 查看手机或电子邮件
>
> 床前灯光太亮，包括手机光太亮

快餐大亨的最后忠告

这里举例说明快餐大亨雷·克罗克亲自制定运用的促进入睡的思维控制法。他是美国企业家，曾经开发出食品配送自动化系统，从而引发食品业革命，享誉世界。20世纪50年代，克罗克会晤了麦当劳兄弟，劝说他们让他接管麦当劳公司的特许专营权。克罗克很早就认识到，要想每天高效工作，全身心投入工作，必须睡眠充足。他经营餐厅，必须给顾客留下整洁光鲜，待客热情的印象。他奉行的一条准则是不让各种事情给自己带来过多烦恼。他每次只关注处理一个问题，无论其他问题多么重要，他也不会为之发愁。他还认识到，必须消除精神紧张状态，尤其要消除那些晚上冒出来的影响入睡的焦躁心绪。我们都曾经有过这样的经历：同工作问题有关的一些想法总是浮现在脑海，挥之不去。

克罗克在读过一些书籍，经过反思后，摸索出一种适合自己的应对方法。他把大脑想象成一块黑板，上面写满同需要做的各种事情有关的注解和想法。他在要入睡时采取的方法是：想象自己正在擦黑板，逐渐擦掉每一个注解和语句。通过这样做，他的大脑里就会变得一片空白。要是有一种想法又冒了出来，把它擦去就是了。在这个过程中，他还学会了让自己的身体放松下来，先从颈部后面开始，继续往下慢慢地使肩部、手臂、腰部和双腿依次得到放松，直到脚趾也得到放松。

把上述方法分解一下，可以看出三个明显特点。一，他可以一次只关注解决一个问题；二，他学会观察一些不必要的想法，不会去采取行动；三，他可以随心所欲地放松自己。总之，他摸索出适合自己的正念实用方法（参见第14章相关内容）。

如果即使在运用过这些方法后，你发现自己的睡眠仍然不好，应该去咨询一下本地健康专业人员或有关从业人员的意见。

第 28 章　审视自己的工作与生活

> 成功不是最后的结局，失败也不会置人死地；最重要的是拥有继续奋进的勇气。
>
> —— 温斯顿·丘吉尔

希望你通过阅读本书改变了自己的核心工作信念。你要知道不必为了获得成功使自己或下属过于辛劳，疲于奔命。同过于苦干敬业的员工相比，工作积极投入的员工更有成效，感觉更快乐。但是你现在也要追求适当的生活方式，使自己既能够下班后及时摆脱工作的影响，又能够在工作时富有成效和创造力，完成更多工作任务。应该苦干加巧干，而且善于利用自己的闲暇时间。为此，你需要约束自己，追求自己想要的生活方式；只有你自己才能做到这一点，你的爱人或老板都无法替你做到。你需要自己管理自己，经常监督自己的行为和感情，以维护自己创造出的那种生活方式。工作往往会使我们不由自主地卷入其中，侵扰我们的私人生活，令人防不胜防。如果任其发展，工作就会变成我们的全部生活。为了防止工作彻底侵扰我们的私人生活，应该经常审视自己，关注自己的工作方式。

如果发现自己又故态重演，需要及时采取必要措施，防止积重难返、不可收拾。当然，这离不开行动和自律。

将自己的行为视为交通灯

审时度势，做出判断的一个有效方式是形象地看待自己的生活。当我们把自己的行动看成是展现在纸上的一幅情景时，就容易看出是否需要采取行动。仔细看看下面的列表，回顾一下近两个星期的生活。分别对工作、健康和幸福、生活方式这三个方面进行评估，针对每一项内容划出"是"或"否"中的唯一答案。务必诚实回答，这很重要。

工作

1. 工作的时间超过了我最初真心希望达到的小时数	是	否
2. 为了完成工作，我降低了工作标准	是	否
3. 我开始成为一个完美主义者	是	否
4. 工作开始让我吃不消	是	否
5. 我没有像平时那样和同事们无话不谈	是	否
6. 我没有期盼着上班	是	否
7. 没有足够的时间去整理工作台或写字台	是	否
8. 每周至少有一次午餐时间在工作	是	否
9. 我开始变得对别人没有耐心	是	否
10. 我开始在执行工作任务、工作项目或完成工作目标的过程中力不从心，赶不上进度	是	否

合计_____

健康和幸福

1. 我感觉比平常劳累、疲乏	是	否
2. 入睡时有困难	是	否
3. 我发现比原来计划醒得早	是	否
4. 醒来后没有神清气爽的感觉	是	否
5. 早晨不想起床	是	否
6. 感觉自己患了感冒或其他疾病	是	否
7. 没有坚持平时的饮食习惯	是	否
8. 饮烈性酒比平时多	是	否
9. 对家人和朋友更容易发脾气	是	否
10. 比平时感到更加不踏实	是	否

合计_____

生活方式与闲暇时间

1. 没有足够时间追求业余爱好	是	否
2. 没有足够时间陪伴家人和朋友	是	否
3. 觉得在闲暇时间里难以放松身心	是	否
4. 没有一天不受工作或工作问题的影响	是	否
5. 难以下班后摆脱工作、放松休息	是	否
6. 比平时难以集中精力	是	否
7. 觉得闲暇时间没有利用好	是	否
8. 没有享受空闲时间	是	否
9. 没有精力追求平时的业余爱好	是	否
10. 对爱人、家人和朋友更容易发脾气	是	否

合计_____

接下来请把三个生活领域中划圈的每一个肯定答案"是"加

在一起。通过做这个练习,可以清楚地看到自己是否被工作问题牵扯得太多。我喜欢把这个练习比作交通灯警告系统。绿灯表示没问题,可以照常工作生活。黄灯是一种警告,表示你很可能处在长期疲劳或不健康状态,需要调整自己的工作习惯。红灯也是警示灯,表示需要立即采取行动。如果你发现自己陷入红灯区或黄灯区,可以再次通读一遍书中推荐的各章内容。但是我建议你再次通读全书,因为我们经常可以在首次阅读时跳过去的内容中发现问题。另外,第二次阅读还可以加深印象。重要的是应记住,这不是诊断工具,只是表明你有可能旧习复发;同时也警告你,如果不改变自己的行为习惯,你的身体健康有可能长期受到影响。

	工作	健康与幸福	生活方式与闲暇时间
红灯 6~10			
黄灯 1~5			
绿灯 0			

旧习复发

无论是健身,节制饮食,还是按着自修书籍中的指示去做,改变任何一种健康行为所面临的最大挑战就是遵照训练原则一直练下去。当你觉得难以坚定不移地朝着目标努力时,不可避免会出现各种障碍。即使偶尔旧习复发,也不要灰心丧气。实际上一旦养成习惯就会深深地嵌入我们的意识当中，很难改掉。一旦掌握了本书中的技巧，你的工作新方法最终也会变成一种工作习惯。

节制饮食的人不可能指望第二天就达到预期体重标准。减肥需要时间、耐心和毅力。改变旧习惯、养成新习惯同样需要时间。学习正确处理工作同生活之间的关系肯定也需要时间。没有任何神奇的开关可以使你眨眼间从工作状态切换到个人生活状态。如果有的话，生活就不会这样丰富多彩、回报丰厚，也没有必要撰写本书了。真正忙起来很难清晰地思考问题，但是一定要挤出时间认真思考一下在你看来非常重要的事情。如果有帮助的话，甚至可在日历中标出具体时间提醒你这样做。一开始可以经常安排思考时间，然后再每隔3个月左右安排一次，确使自己走上正轨。

给自己留出时间

前面讲过，不要只经过几个星期的慢跑训练就去跑马拉松比赛，也不要没学过游泳就想横渡英吉利海峡。同样，不要在没有经过必要训练的情况下，就期望自己从一个以工作为中心的人变成一个比较完美的人。你应该坚持不懈地追求自己的目标，但也不要走极端。有时只是太忙，必须在工作中投入更多的时间。我们都有可能忙得必须加班工作。遇到这种情况不要担心，应该坦然面对，按要求完成工作。一旦扫除障碍，就要立即恢复常态。随着工作任务步入以往的循环周期，一切都会相互协调起来。关键是要知道何时过于关注工作，而忽视了生活中的其他方面。因此，安排好休息时间，让自己摆脱工作影响，好好反思一下就显得非常重要。

运用第五章所讲的衡量方法检测自己的进展情况

到现在为止，你应该了解到许多不同的恢复身心的方法，并有可能已在实践中加以运用。我想你已经找到了自己喜欢的恢复方法。以后你也会发现有些方法在何时何地效果更好。关键是不要过于依赖一种方法。例如，对于许多人来说，按摩是忙碌的一天结束后帮助放松休息的很有效的方法。然而，却不提倡天天按摩。最好采用各种不同的方法。也许你会发现自己心目中的最佳恢复方法（我也有自己爱用的方法），但是由于某种原因，你可能在特定时间不能运用某种恢复方法。因此，重要的是应掌握各种不同的恢复方法。有时反复阅读本书中有关实践练习的章节也会大有裨益。

前面讲过，没有万能的方法，你需要自己判断哪些方法最适合你。近年来我们为数百名学员举办过研讨班和讲座，总有人发现有些方法是奏效的。我也收到过许多学员寄来的感谢信，他们按照我的方法亲自实践，在自己身上看到了令他们感到惊喜的各种新变化。

事情进展不顺利时

在每一位成功男士和女士的背后都有一系列失败的经历。你需要把一开始遇到的失败视为前进道路上的小小挫折。有句话说得好,人们并不是没有失败,只是停止了尝试。作为一个人,你没有失败,只是你的行为不时地让你失望。遇到挫折时,只需继续努力,不断前进,有时往左行,有时往右去,但绝不能后退。你要为自己的生活负责,不断前进。

几乎在任何一本讲述自助自立内容的书籍中(我喜欢自修这个说法),都有一部分章节专讲承担责任。重要的是要想驾驭自己的生活,你需要对自己的所作所为负责,对遇到的各种事情负责。事情不顺利时,容易怨天尤人,怪运气不好。你也许听过有人说"我太忙,没时间做这些练习""本来不希望这样"。也许这样说有一定道理,但你需要自己去判断。每个成功人士在前进道路上都遇到过挫折。他们的突出特点是永不放弃。许多人读过自助自立书籍后就随手放置一边,自己仍然一意孤行,不为所动。其实生活最终就是选择。我们经常听人说需要更多选择,更多自由。但是选择和自由也关系到责任。大多数一事无成的人(也包括节制饮食和训练这种事情)都害怕承担责任!"我体重增加了,这不怪我,应该怪我的工作。"总是别人有错。我们认为,有能力进行选择是一种权利,但是我们也可以将其视为一种天赋。在本书中我已经讲过很多内容，但是如何有效地加以运用完全取决于你自己。

现实地看问题——思考工作并不完全是坏事

通过阅读本书你可能会发现，从长远来看，不仅工作时间过长对健康不利，下班后仍然不停地思考工作问题同样对健康不利，即使影响不比工作时间过长糟糕。有许多事情会吸引我们在闲暇时间里开始工作，或思考工作问题。长时间工作有利于经济发展。我们赚的钱越多，越有能力花钱购买休闲产品，可以创造更多就业机会，为政府带来更多税收。但是我们要为此付出一定代价。而且遗憾的是，这会形成一种恶性循环，因为我们在消费品、度假和购买咖啡上花的钱越多，我们越要更努力工作以维持自己的生活方式。处在社会中，我们一直提倡不断提高工作效率，但是有时我们需要放慢步伐，为自己找点时间。

现在你应该认识到，在正常的合同工时之外是否思考工作问题并不重要。我并不认为有必要完全摆脱工作的影响。有人说他们一离开办公室或工作场所就把工作抛之脑后。我认为他们要么在撒谎，要么是上班时从来没有用心工作过。我们应该努力提高各方面生活质量。无论喜欢与否，工作会占去我们许多时间，所以应该尽可能使工作既有回报，又有乐趣。如果你在不上班时仍在思考着一个问题，这可以接受，而且也很正常。不上班时仍然思考工作问题，这完全合乎情理；许多奇思妙想往往在我们最不经意的时候突然间浮现于我们的脑海。

许多奇思妙想和优秀发明往往产生于灵感突现的瞬间，而且毫无例外地涌现在我们最不经意的时候。如果在工作时间之外找到了解决工作问题的新方案，这不仅会使我们满心欢乐，而且还非常有意义。有时一个想法或一个主意要在我们脑海里出现的时候，往往需经过一段时间才能完全成形。它首先潜藏于我们的思想最深处，待到时机成熟时才会浮现在我们的意识当中。这可以是白天、傍晚，甚至夜晚的任何时候。每当我要准备一次讲座的时候，我发现提前几个星期在脑海中反复考虑讲座内容很有帮助。我在电视上或书中看到的内容会触发一个想法，然后我把它加工整理后用在我的讲座当中。有时可能是某人在谈话中讲过的内容，本来与我的讲座题目毫不相干，却也能使我得到启发，充实了讲座内容。因此，工作与家庭生活不应该完全受到约束。如果我们一下班就不再思考工作问题，社会就不能在技术上取得这样大的进步。因此，不要把工作同业余时间完全分离开来。只是不要把感情只寄托在工作上。在这方面我们应该理智一些。从常理上说，工作与家庭、家庭与工作之间的界限应该稍微模糊一些。

何为完美的一天？

何为完美的一天？我们最好用一天中 1/3 的时间工作，1/3

的时间追求休闲娱乐，其余时间用于放松睡眠。我们醒来时会感到神清气爽，然后洗个澡，悠闲地吃一顿健康早餐；接下来精力充沛地去上班，准备承担等着我们的各种工作任务。工作单位离我们的住所不会太远，但是也不近。所以我们在业余时间里不会经常遇到自己的同事。在富有成效的工作日里，上午我们有至少15~20分钟的休息时间，下午也有这么长的休息时间。我们可以在工作场所以外的地方坐下来，和同事们聊聊天，或者只是一言不发地坐一会儿。午餐时间有一个小时，吃得悠闲随便：一碗汤，一块鱼肉或鸡肉，外加沙拉或青菜。在饭前或饭后散一会儿步。干完工作后，把工作台或写字台整理一番，为第二天工作做好准备。工作有回报，令人满意，你也很开心。在通勤回家的路上，关闭手机，或者用它来玩一些娱乐游戏，听听音乐。或者只是放松一下，回想当天的人和事。如果是驱车回家也许更好，有机会的话可以把车停下来，找个自己喜欢的地方喝杯咖啡，或者静静地散一会儿步。在回家的路上，我们要留神观察周围的环境。回到家里脱下衣服，洗个澡，然后花几分钟时间同爱人和孩子聊聊天。还可以坐在自己喜欢的椅子上，或走进花园里单独待上一段时间，或者手端一杯茶或咖啡，花几分钟的时间思考一会儿，独享清静。一天的工作干完了，没有必要再去想它。如果一个好主意，或者一个工作问题的解放方案突然浮现在脑海里，立刻记下来，这样可以明天再过问，然后就放置一边。吃过一顿清淡又放松的晚餐后（也许还喝了一杯饮品），同爱人或朋友晚上出去逛一逛；或者把时间用在自己喜欢的业余爱、自修活动上。你享受着这一段时光，并且坚信自己并没有因为暂不工作就错过了什么。你知道最优秀的员工往往在工作之外体验学习各种事物，然后将其运用在工作中。接下来时间尚早，还不能立刻就上床满满地睡上 8 个小时。

要是生活有这么轻松惬意该有多好！就我所知，对我们大多数生活在现实世界中的人来说，这种理想是不可实现的。我们都有自己必须要考虑应对的个人需要和生活环境。我们大多数人都是生活中的魔术师，不停地兼顾工作、项目、爱人、孩子、父母、祖父母和宠物。这些需要随着时间而发生变化，有时还会发出小小的警告。生活其实就是妥协和协商。我们需要处理关照一些事情，也要花时间满足自己的需要，问心无愧。不可能是完全都是自己说了算。否则生活就会凡事皆可预先看清，变得单调乏味。所以用心管好自己的工作和家庭生活，即使事情没有像预先安排的那样尽如人意，也不要焦虑。

预防方案

一个基本的事实是，任何行为，无论好与坏，都会半途而废。人们一直在这样做。例如，戒烟又吸烟，锻炼又放弃，节食又停止节食。开始学习新行为并不难，难的是坚持不懈，直到它形成一种新习惯，一旦行为变成习惯，就很难改掉，因为它已经融入你的心理结构当中。认识到做出改变的需要,这算是迈出了第一步。第二步是学会下班后摆脱工作,放松自己。第三步是坚持不懈执行既定方案。请记住,十全十美的境界是无法达到的。"完美"的生活既不是理想,也不是我们的奋斗目标。要想知道何时进,何时退,需要静心明断。如果你能找到中间立场,就可以左右逢源,既能在工作上富有成效和创造性,又能抽出时间放松身心,享受自己的劳动成果。

祝你好运!